# 滨海盐碱地
# 园林规划设计

张　清　李培军　王国强　编著

中国林业出版社

## 图书在版编目（CIP）数据

滨海盐碱地园林规划设计 / 张清，李培军，王国强编著. －北京：中国林业出版社，2012.12
ISBN 978-7-5038-6807-8

I. ①滨… II. ①张… ②李… ③王… III. ①滨海盐碱地－园林－规划 ②滨海盐碱地－园林设计 IV. ①TU986

中国版本图书馆CIP数据核字(2012)第252988号

出　　版：中国林业出版社（100009 北京西城区德内大街刘海胡同7号）
网　　址：http://lycb.forestry.gov.cn　　Email: pubbooks@126.com
电　　话：(010) 83224477
发　　行：新华书店北京发行所
印　　刷：北京中科印刷有限公司
版　　次：2013年1月第1版
印　　次：2013年1月第1次
开　　本：889mm×1194mm　1 / 16
印　　张：13
字　　数：376千字
定　　价：168.00元

编　著：张　清　　李培军　　王国强

参加编写：项劲松　　王军伟　　张帮明　　谷运年　　黄明勇

**其他参与人员**（以姓氏笔画排序）：

| | | | | |
|---|---|---|---|---|
| 马以桂 | 王　磊 | 王兴达 | 王旭东 | 王耐君 |
| 王振宇 | 尤再健 | 孔令文 | 左　旭 | 石　磊 |
| 申　晨 | 吕雷荣 | 任　娜 | 刘　洁 | 刘桂茹 |
| 闫瑞真 | 李娅莉 | 李维之 | 杨　菁 | 邳学杰 |
| 张　丹 | 张　兴 | 张　婷 | 陆海燕 | 罗　乐 |
| 岳俊杰 | 周洪义 | 郑庆瑞 | 孟令起 | 赵　璐 |
| 郝风博 | 胡　军 | 侯俊伟 | 袁　静 | 索伦高娃 |
| 徐金城 | 徐舒阳 | 钱贵明 | 唐廷贵 | 薛　原 |

# 人之本在地 地之本在宜（代序）

## ——赞《滨海盐碱地园林规划设计》

  中华民族风景园林规划设计的核心理法是"借景"，"巧于因借，精在体宜"说明要觅因成果地体现用地的地宜。滨海盐碱地的面积广大，对人居环境影响大，但是个众所周知的难题。中国哲学对难的诠释是"先难而后得"。盐碱地不适合一般植物生长，但宜于耐盐碱的植物生长，这便是盐碱地之地宜。此书从汲取前人的经验着手，进行了比较广泛、深入的调查研究，从选择耐盐碱的植物和进行人工排盐的手段，局部改良土壤、大面积以适生植物种植以求持续发展，并对实践作了系统的介绍和科学的总结，在工程措施和科学技术手段方面有所创新，在承前启后、与时俱进方面取得了初步的成果，在攻克园林植物种植的难关方面取得了可喜的成果，值得庆贺，值得推广。

  管子说："人与天调而后天下之美生。"今后发展的方向应将培养耐盐碱植物遗传育种的工作放在首位，以人为适应自然为主，排盐工程也要进一步深入发展，在切断盐碱毛细管和利用天然降水稀释盐碱的浓度方面下工夫。这是一项实践性很强的设计和研究工程，直接影响人居环境的自然环境质量，是我们有所为之事，实际工作中也存在一些违反自然规律的事如炸山填海等，这就是有所不为的内容。香港凤凰卫视有个主题节目叫"天怒"，自然是自其然也，并没有有意识对人报复，但人违反自然后却必然会得到"虽成必败"的恶果。

孟兆桢

壬辰深秋

孟兆桢，北京林业大学教授，中国工程院院士。

# 人以本在地　地以本在宜

## —— 漫谈盐碱地园林规划设计

　　中华大浪及行园林规划设计的核心理论是"借景"，"巧于因借，精在体宜"说明要见园成本地体现用地的地宜。滨海盐碱地的面积大，对人居环境影响大，但在个名所阁关的邪经。中医阴道行邪的诠释是"先狂而后得"。盐碱地不适合一般植物生长，但宜于耐盐碱的植物生长，也使之成碱地之地宜。此卡从没取前人的经验着手，进行了些挖为正，深入的调查研究，以选择耐盐碱的植物进行人工那经的手段，局部改良土坏，大面积以些生长的植植以求持续发展，并对实践行了，工比的经验和科学的总结。在一性跨做和科出技术手段方面有所创新。在承前启后、当的促进方面有持初步的成果，为双灭园林研的种植以相关方面获得了丁要的成果，值得反复，值得推了。

　　昔之说："人当天阁而后天下之美也"。今后发展的方向应存绿等耐盐碱植物造得百种

的工作极在首位，以人为任在自比为主，那道工程也要进一步深入左作。在功断盐碱毛10百不到用人以降水稀释盐碱的作反才面下功夫。过在一面实践性行住的住计和研究的二作。互踏的向人乏环境的自立环境互重，是我们有所为之事。实际工作中也存在一些违反自比规律的了功以项临等。也是有所不力的内容。各借观风各有个主题呼叫"天忍"、自比是自其也，弄没有有割以以相克、但人违反自比后部必以合得到"速战必败"的惠评。

孟　兆　植

园林奖状

# 前　言

　　生态环境保护和建设已经成为当今人类社会面临的共同课题，生态环境质量直接关系到经济社会能否可持续发展。近年来，随着我国经济的飞速发展，"生态宜居"城市正成为人们追求的目标。对于具有盐碱特点的沿海城市和新兴经济区域的生态建设来说，由于立地条件差（土壤含盐量高、地下水位高、矿化度大），植被稀少，极易受风暴潮、盐碱化、风沙化、盐尘暴的严重影响，生态系统十分脆弱。在此条件下要将原为滨海滩涂、盐田和盐碱荒地建设成海滨休闲旅游、生态廊道、生态组团和生态宜居城区无疑是一个巨大的挑战，其园林规划设计除具有一般园林规律之外，还具有其自身特点。

　　滨海盐碱地园林规划设计必须尊重科学、遵循自然规律，采取工程与生物相结合的技术措施。一是要采取工程改良措施，降低地下水位和降低土壤盐分对园林植物的危害，为植物生长创造条件，这是实现园林设计思想的基础；二是充分挖掘和利用耐盐植物和盐生植物资源。工程措施和生物措施是盐碱地园林规划设计必须充分考虑的两项重要内容。

　　盐碱地城市园林规划设计是一个富于想象、充满活力和创新的新兴领域，是与城市建设实践紧密联系和结合在一起的，产生于实践又服务于实践，处于理想而又立足于现实，是理论创新和实践创新的有机结合。本书编写是以天津泰达园林规划设计院25年来在天津滨海新区盐碱地和江苏、山东、河北、辽宁等省份沿海城市规划设计实践为基础，围绕滨海盐碱地怎样进行园林规划设计，充分总结多年来滨海盐碱地园林规划设计的研究成果和实践经验。我们首先针对滨海盐碱地的特点，提出滨海盐碱地不同工程排盐技术模式和方法以及土壤培肥技术措施；其次结合景观需要，对不同观赏植物和滨海地区盐生植物资源进行了分类介绍、提出盐碱地城市绿化植物选择和不同功能绿地人工群落植物配置模式；最后结合近年来我们在滨海盐碱地园林规划设计实践案例进行了介绍。

　　本书在编写过程中参考和引用了有关书籍和文献，特此致谢！

　　由于编著者学识水平有限，书中的遗漏、不妥甚至错误之处恐难避免，恳请读者批评指正。

2012 年 11 月

# 目　录

# 第一章 概　述

# 第一节
# 滨海盐碱地的分布与成因

## 一、滨海盐碱地分布

我国有漫长的海岸带，由于各地入海江河携带大量泥沙汇流入海，又经海水的岸流作用，使海口海岸带不断淤积成陆。但由于沉积母质的来源不同，各海滩平原形成过程中水动力条件、地质基础与生态环境不一致，因而沿海滩涂盐土的分布及其成土条件、生态环境、盐渍土特性及人为干预情况等也不尽相同，性质具有一定的差异。就海岸带的形成与地貌特征来看，长江以南多为基岩港湾海岸，盐渍土多呈斑点状或狭条状断续分布，宽度为几十米或百余米，最宽的也不过 10 ~ 20km；长江口以北多为河口平原淤泥海岸，滩涂范围较宽，盐土多呈连片带状大面积分布，一般宽度 10 ~ 20km，最宽的可达 50 ~ 60km 以上，总面积达 100 万 km²。我国滨海盐渍土大多数为微碱性至碱性，pH 值在 7.5 ~ 8.5 之间，绝大多数为氯化物盐土类型，而长江口以南诸省的滨海盐土，分布零星，但也有逐年增加的趋势。由于它地处热带和亚热带，年降水量大，土壤的淋洗作用强烈，滩地受海潮浸渍而形成盐土，通过雨水淋盐逐渐淡化为盐渍化土壤，1m 土体含盐量小于 0.6%。这里既有以氯化物为主的微碱性滨海盐土，也有在红树林群落影响下形成的酸性硫酸盐盐土，pH 值在 4.0 左右，盐分组成中以铁、铝的硫酸盐为主（图 1-1，1-2）。

## 二、滨海盐碱地成因

滨海盐土的形成可分为地质过程和成土过程两个阶段，地质过程可分为水下堆积盐渍时期和地质积盐时期；成土过程又可分为自然成土时期和耕种成土时期，后者又有旱作耕种和稻作耕种熟化之分。

### 1. 地质过程

我国沿海各大、中、小河流，每年输入海洋的泥沙约 20 亿 t 余，每年在河口及潮间带淤涨成陆的面积约 3 万 hm² 余。其中黄河每年携带 12 亿 t 泥沙入海，在河口三角洲及附近沿海潮间带沉积。河流夹带的泥沙，一经输入海域成为水下堆积物（淤泥）时，淤泥与海水的盐分迅速达到平衡状态，而成为盐渍淤泥，含盐量大大增加。当淤泥长成陆后，又受海潮周期性的淹没和浸渍，便开始了地质积盐过程，因此盐渍淤泥经过水下盐渍淤泥，日高潮、月高潮浸漫带盐渍淤泥等几个阶段，逐渐过渡形成滨海盐土，这个阶段基本上属于盐分的地质积累过程（图 1-3）。

### 2. 成土过程

在盐渍淤泥长期脱离海水的影响后，由周期性积盐逐渐转入季节性脱盐，受自然生态环境影响或人为耕种的双重影响，开始了自然植被繁衍，土壤肥力不断提高。该阶段为滨海盐土的成土过程，这个过程又可分为自然成土时期和耕种成土时期。

（1）自然成土时期：在潮浸频率很高的日潮淹没带，滩涂、地下水和海水三者的盐分呈平衡状

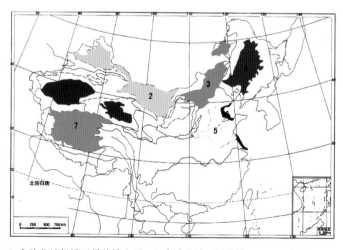

1.内陆盆地极端干旱盐渍土区；2.内陆盆地干旱盐渍土区；3.宁蒙高原干旱盐渍土区；4.东北平原半干旱半湿润盐渍土区；5.黄淮海平原半干旱半湿润盐渍土区；6.滨海盐渍土区；7.西藏高原高寒和干旱盐渍土区。

图 1-1　中国盐碱地分布示意图

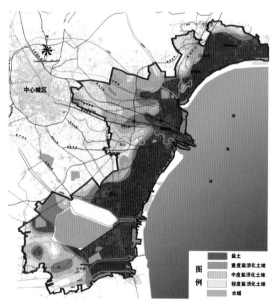

图 1-2　天津滨海盐碱地分布示意图

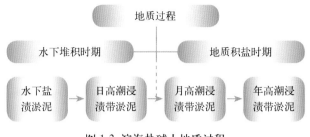

图 1-3 滨海盐碱土地质过程

态,含盐量高,盐分组成一致,高等植物难以生长,地面光裸。随着滩面淤高和潮浸频率降低,生态环境条件的改变,在月潮淹没带的光滩上,虽蒸发积盐作用强烈,但耐盐性强的盐蒿等植物开始生长,有的形成盐蒿滩,土壤形成过程加强,积盐过程逐步减弱,开始向草甸植被或沼泽植被过渡。随着脱盐过程的发展,逐步形成滨海草甸盐土和各种盐化草甸土。在自然成土时期,耐盐草甸草本植物起着主要作用,但滨海各岸段的气候、潮汐、地形等对植物群落的发展也有很大影响。如天津滨海地区盐生植被主要植物群落演替序列,一般为盐地碱蓬群落→碱蓬+獐毛群落→盐地碱蓬+芦苇群落→碱菀+芦苇群落→芦苇群落;草本植物阶段后期,由于环境条件的显著改善,为木本植物的定居创造了条件。先是一些灌木出现,它们常与草本植物混生,以后灌木增加,形成灌木群落;随着灌木群落的发展,乔木也开始出现。随着时间的推移,植株逐渐增多,覆盖度逐渐增大,最后形成与当地大气候相适应的乔木群落。而相应地反映出的土壤系列,由光滩(滩涂)→滨海盐土→强度盐化→中度盐化→轻度盐化滨海草甸

土,土壤盐分含量由1%以上逐渐减少到0.2%左右。在河口低洼地段或积水洼地中,主要生长芦苇、三棱草、水葱等,伴随着沼泽化过程发展,土壤向滨海沼泽化盐土方向过渡。自然植被类型与土壤盐渍化程度密切相关,植物群落具有指示作用。同时,在一定程度上可反映出地下水和土壤状况。在植被演替过程中,往往后一种植物群落比前者生长更茂密,根系更发达,土壤中植物残体和有机质的积累更快。由于植物根系的活动,可使无结构的坚实土层逐渐变得疏松多孔,土壤物理性状得到改善。在生物覆盖度增加的情况下,可减少土壤水分蒸发,提高土壤渗透性能,增加降雨入渗量,从而加强了淋盐脱盐作用。同时,植物群落对表层土壤性质影响很大。表层土壤这一性质的改善,有利于盐分淋洗,抑制土表返盐。

(2)耕种成土时期:海涂和滨海盐土一经围垦和改良利用,在人为排水、灌溉、耕作和施肥等一系列改良活动影响下,土壤形成过程即由自然成土时期向耕种成土时期过渡。这个时期在人们培肥改土和耕作管理下,土壤肥力迅速提高,在人们排灌和降雨淋盐共同作用下盐分淋洗加快。显然,耕种成土作用代替并超过了自然生草作用,故又称耕种熟化过程,其特点是土壤脱盐熟化的速度快,途径多,人为因素不断强烈地改变着自然成土条件,使滨海盐土朝着非盐化土壤的方向发展。

总之,在水耕熟化过程中,各种类型的滨海盐渍土,包括盐渍淤泥和红树林沼泽盐土等,在灌排、耕作、施肥等综合措施作用下,都能循着中度、轻度盐化,脱盐水稻土方向发展演化(图1-4)。

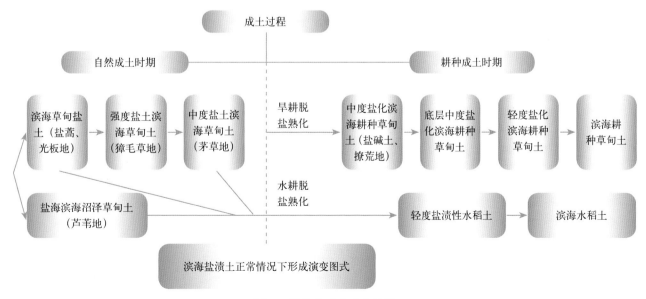

图 1-4 滨海盐碱土成土过程

## 第二节
## 滨海盐碱地的园林生态环境

植物的生存依赖于生态环境。在生态环境中，有很多生态因子，如气候因子、土壤因子、地理因子、生物因子以及人为因子等。这些不同的因子相互组合、相互制约，形成了不同的生态环境，也为不同植物生存提供了可能。滨海盐碱地的园林生态环境具有综合性、复杂性、特殊性等特点，在园林规划设计的树种规划、植物配置等方面，受到的制约因素更多。

## 一、辐射

太阳辐射强度对园林植物的生态效应产生不同的影响。首先，对植物光合作用的影响。植物

图 1-5 天津滨海盐碱地空旷地区

图 1-6 建筑物较多的城镇空间

的光合作用只在可见光谱内进行，在较弱的光照强度下，光合作用所合成的有机物不足以维持自身的呼吸消耗，因此植物不会有能量的积累，无法进行生长发育。随着光照强度的增强，光合作用所积累的干物质全部用于呼吸消耗，并开始产生积累，从而满足植物的生长发育。如果光照继续增强，可能引起植物的光合器官受损或其他后果，导致对二氧化碳的固定有所减少。第二，对植物生长发育的影响。光合作用合成的有机质是植物生长发育的物质基础，细胞的增大与分化、植物体积的增大、植物内器官生长等均与太阳辐射强度直接相关。第三，对植物形态的影响。在光照不足的情况下，一些喜光的草本植物表现为细长弱嫩；在光照充分的情况下，一些耐阴植物因为生长受到抑制而死亡。在自然界中，植物为适应不同的光照环境，形成了不同的外部特征。如喜光植物的树冠较稀疏，透光性强，自然整枝良好，树皮较厚，叶片短小，叶色较淡。耐阴性树种树冠较密，透光性小，自然整枝不良，树皮较薄，叶色较深。

滨海盐碱地区太阳辐射具有不均匀性。大面积滨海空旷地区，由于空气污染较少，空气透性较强等原因，太阳辐射直射增多，散射辐射较少。而在建筑物较多的城镇中，建筑相互遮阴，空气中颗粒增多，导致太阳辐射直射减少，散射反射较多，同时遮阴处较多，太阳辐射的时间也不相同。滨海地区太阳辐射强度趋势由海洋到内陆递减。如天津塘沽区和汉沽区沿海一带总辐射能量年平均值大于 $5400MJ/m^2$，西青、临河靠内陆一带大于 $5300MJ/m^2$。从日照时数来看，也是由东部滨海到西部内地逐渐减少。据有关统计，两地市内月平均日照时数最多相差 500h 以上。可以看出，滨海盐碱地区太阳辐射和日照时数比较丰富，能够满足园林植物的生长发育（图 1-5，1-6）。

在园林建设实践中，可以从不同方面提高植物的光能利用率。通常强调适地适树的种植设计原则，

图 1-7 植物对光照的需求不同，空间布置不同

图1-8 深圳海滨红树林

图1-9 天津滨海湿地大米草

因为对特定环境最适应的植物种类，其光合能力相应较强，光能利用率较高。在设计人工植物群落时，强调不同层次的植物合理搭配，使每层都能有较好的透光效果。这样，既增加了植物的叶面积系数，能大大地提高对光能的利用率，同时，植物叶片均匀分散，使对光有不同适应性的植物分布在各自适应的层次上。从提高植物对太阳辐射利用率的角度来看，常绿的园林植物通常高于落叶阔叶的园林植物，因为其光合作用时间长，全年可以进行。这也是通常植物配置中，要求常绿树占一定比例的原因之一（图1-7，1-8，1-9）。

在实际的植物种植设计中，需要种植设计师充分了解相关园林植物对太阳辐射的适应程度，把握植物的耐阴性和适宜的光照周期，通过科学合理的植物配置，处理好太阳辐射与植物配置的关系，为有效发挥各种效益打好基础。

## 二、温 度

温度对园林规划设计中植物选择具有重要的指导作用，对植物的生长发育、分布和引种驯化等具有重要的生态意义，同时，园林植物又会对小气候产生影响，二者相互影响、相互制约。

滨海地区温度的自然变化主要受纬度高低、海洋水体、季节变化等因素影响。纬度越高太阳辐射量越少，温度逐渐降低。一般纬度增加1°，年平均温度大约下降0.5℃。我国位于欧亚大陆的东南部，东面是太平洋，南面靠近印度洋，西面和北面是广阔的大陆。夏季，受热带海洋气团和赤道气团的影响，盛行温暖湿润的海洋气候，从东或南向西或北推进。冬季，受极地大陆气团的影响，盛行寒冷干燥的大陆性气候，从西或北向东或南推进。因此，形成了从东南到西北，大陆性气候逐渐增强的温度变化规律。温度年较差是衡量温度季节变化的指标，通常用一年内最热月与最冷月平均温度的差值表示。如天津滨海地区年气温变化情况如下：年平均气温12.4℃，年平均气温最高为13.8℃（出现在1998年），年平均气温最低为10.6℃（出现在1969年），极端气温年较差最大为55.8℃（出现在1966年）；1月最冷，7月最热。春季气温迅速回升，由3月的4.8℃升至5月的19.2℃；夏季各月平均气温在23.7～26.4℃之间，7月份平均气温为全年各月的最高值，达26.4℃，极端最高气温出现在1999年7月12日，为40.9℃；秋季气温明显下降，平均气温由21.6℃降至5.8℃；冬季气温降至全年最低值，为严寒期，1月最冷，平均气温为−3.6℃，极端最低气温为−18.3℃（表1-1）。

温度对植物的分布有重要影响。对于植物来说，有生长最适宜温度、生长极限低温和生长极限高温，植物在其适宜温度范围内，才能进行正常生理活动。一般来说，原产低纬度地区的植物，生长温度较高，耐热性好，抗寒性差；原产高纬度

表1-1 我国热量带划分表

| 热量带类型 | 积温（℃） | 最冷月平均气温（℃） | 主要植物种类（带"*"为耐盐碱植物） | 备注 |
|---|---|---|---|---|
| 赤道带 | 在9000左右 | 年平均气温超过26 | 椰子、木瓜、羊角蕉、波罗蜜等 | 位于北纬10°以南的中国海岛地区，年降水量超过1000mm |
| 热带 | ≥8000 | 不低于16 | 樟科、龙脑香科、橡胶、槟榔、咖啡等 | |
| 亚热带 | 4500～8000 | 0～15 | 杉木、柏木、马尾松、柑橘、毛竹、夹竹桃*、苏铁等 | |
| 暖温带 | 3400～4500 | −10～0 | 雪松*、白皮松*、侧柏*、泡桐*、麻栎等 | |
| 温带 | 1600～3400 | −10以下 | 紫椴、水曲柳、色木、千金榆*、黄刺玫*等 | 以红松针阔混交林为主 |
| 寒带 | ＜1600 | 低于−28 | 落叶松、樟子松*、蒙古栎、榛子等 | 主要以针叶林为主 |

地区的植物，生长温度较低，耐热性能差而抗寒性好。园林植物适应不同的温度变化，形成了不同的温度类型，如喜高温植物、喜低温植物、中温植物等。

# 三、水　分

自然界中所有的生命活动都离不开水，植物也不例外。水对植物的生态作用主要表现在种子萌发、植物高增长、植物根系发育以及植物开花结实等方面。对于盐碱地来说，天津滨海地区近年来的年均降水量不足 500mm，而年平均蒸发量达 1900mm，约为降水量的 4 倍，其中降水量集中在 6～9 月，占全年的 78%～80%。全年月蒸发量均大于月降水量，包括每年的 6～9 月；每年 1～5 月及 12 月的蒸降比为全年最高，尤以 3～4 月最甚，蒸发量为 623 mm，占全年的 32.6%（图 1-10）。对于盐碱地来说，盐化和碱化过程对土壤水分状况产生不利的影响，限制了土壤对植物的最佳水分供应，主要是土壤水分的有效性降低，如粗质地土壤持水能力和田间持水量低，有效水的范围很窄；重质地膨胀黏土持水力

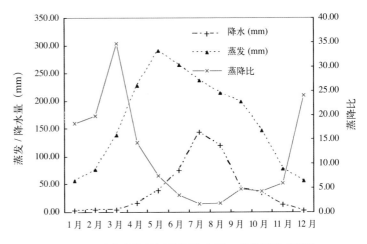

图 1-10 天津滨海地区月均降水量、蒸发量及蒸降比

高，萎蔫含水量也高，有效水范围窄；土壤溶液中的浓度与植物根系组织电解质浓度差变小，使植物吸水困难；土壤毛管导水率和水分扩散率低。这些因素对大多数植物来说很难适应。

植物对水分的适应具有一定范围。当土壤中的水分过少时，植物就会出现萎蔫，生长停止，时间过长就会导致死亡；当土壤中水分过多时，高于最高点时，植物根系就会因缺氧而窒息，烂根甚至死亡；当土壤中水分适宜，植物能很好维持体内水分平衡，生长迅速，发育正常，适应能力也较强。按照植物对水分的适应状况，通常将植物分为 3 类，即旱生植物、中生植物、湿生植物。旱生植物是指在干旱环境下生活，能避开、忍受或适应干旱以维持水分平衡和正常发育的植物；中生植物是比较适应生长在中等水湿条件下的植物；湿生植物

表 1-2 耐旱植物等级

| 耐旱等级 | 树　种 | 备　注 |
|---|---|---|
| 最强 | 雪松、黑松、响叶杨、加杨、垂柳、旱柳、小叶栎、白栎、栓皮栎、石栎、苦槠、椰榆、构树、柘树、小檗、山胡椒、枫香、桃、枇杷、石楠、火棘、山合欢、葛藤、胡枝子类、黄檀、紫穗槐、紫藤、臭椿、楝树、乌桕、黄连木、盐肤木、飞蛾槭、野葡萄、木芙蓉、君迁子、夹竹桃、栀子花、水杨梅等 | 经过 5 个月以上的干旱和高温，未采取任何抗旱措施而正常生长或稍缓慢 |
| 较强 | 马尾松、油松、赤松、侧柏、千头柏、圆柏、龙柏、偃柏、毛竹、棕榈、毛白杨、麻栎、槲栎、青冈栎、板栗、白榆、朴树、小叶朴、榉树、桑树、无花果、南天竹、广玉兰、樟树、溲疏、杜梨、沙梨、杏树、梨树、皂荚、槐树、木槿、梧桐、厚皮香、柽柳、柞木、胡颓子、紫薇、银薇、石榴、八角枫、常春藤、柿树、桂花、丁香、雪柳、金银花、六道木、郁香忍冬等 | 经过 2 个月以上的干旱和高温，未采取抗旱措施，生长缓慢、有黄叶、掉落及枯梢 |
| 中等 | 罗汉松、白皮松、落叶杉、刺柏、香柏、银白杨、小叶杨、钻天杨、杨梅、核桃、核桃楸、山核桃、桦木、桤木、大叶朴、木兰、厚朴、八仙花、山梅花、杜仲、悬铃木、木瓜、樱桃、樱花、海棠、郁李、刺槐、龙爪槐、朝鲜黄杨、锦熟黄杨、三角枫、鸡爪槭、枣树、葡萄、椴树、茶树、山茶、金丝桃、灯台树、女贞、小蜡、连翘、金钟花、泡桐、樟树、楸树、黄金树、接骨木、锦带花等 | 经过 2 个月以上的干旱高温不死，有较重的黄叶及枯梢 |
| 较弱 | 华山松、香榧、三尖杉、粗榧、鹅掌楸、玉兰、蜡梅、大叶黄杨、结香、琪桐、四照花、毛叶山桐等 | 经过 1 个月以内的干旱高温不死，有严重枯梢现象，生命几乎停止，必须及时采取抗旱措施 |
| 最弱 | 银杏、杉木、水松、日本花柏、日本扁柏、白兰花、棕榈树、珊瑚树等 | 旱期 1 个月左右就会死亡，或相对湿度较低、气温高达 40℃以上死亡严重 |

表 1-3 耐水植物

| 耐水等级 | 树 种 | 备 注 |
|---|---|---|
| 最强 | 落羽杉、垂柳、旱柳、龙爪柳、榔榆、桑树、柘树、豆梨、杜梨、柽柳、紫穗槐等 | 能耐 3 个月以上深水淹没，水涝后生长正常或少见衰弱，树叶有黄落现象，生长势减弱不见死亡 |
| 较强 | 水松、棕榈、栀子、麻栎、枫杨、榉树、山胡椒、狭叶山胡椒、沙梨、枫香、悬铃木、紫藤、楝树、乌桕、柿树、重阳木、雪柳、白蜡等 | 能耐 2 个月以上深水淹没，水涝后生长衰弱，树叶常见黄落，新枝、茎叶常枯萎，但有萌芽力，于水退后仍能恢复生长 |
| 中等 | 侧柏、千头柏、圆柏、龙柏、水杉、水竹、紫竹、竹、广玉兰、酸橙、夹竹桃、杨类、木香、李树、苹果、槐树、臭椿、卫矛、紫薇、四面竹、喜树、迎春、枸杞、黄金树等 | 能耐 1～2 个月水淹，水涝后生长衰弱，于水退后难恢复生长。 |
| 较弱 | 罗汉松、黑松、刺柏、樟树、枸橘、花椒、冬青、小蜡、黄杨、核桃、板栗、白榆、朴树、梅、杏、合欢、皂荚、紫荆、南天竹、溲疏、无患子、刺楸、三角枫、梓树、连翘、金钟花等 | 能耐 2～3 周短期水淹，超时后即趋枯萎，水涝后生长衰弱 |
| 最弱 | 马尾松、杉木、柳杉、柏木、孩童、枇杷、桂花、大叶黄杨、女贞、构树、无花果、玉兰、木兰、蜡梅、杜仲、桃树、盐肤木、木芙蓉、木槿、梧桐、泡桐、楸树、琼花等 | 水淹浸地表或根系的一部分至大部分时，经过不到 1 周时间，即趋枯萎而无恢复的可能 |

适于在潮湿的环境中生长，不能忍受长时间的水分不足，抗旱力最弱的陆生植物。

根据一些专家学者对不同植物的耐旱性和耐水性调查统计，可分为 5 个级别（表 1-2，1-3）。

## 四、土 壤

土壤是植物生存和生长发育的基础，植物耐盐的适宜范围在 0.1%～0.7% 之间，根据植物对土壤盐渍化的适宜程度可将其分为耐盐植物和不耐盐植物。一般认为土壤含盐量在 0.2% 以下为轻盐渍化土，一般植物尚能正常生长发育；0.4%～0.6% 为

中盐渍土，植物生长受到盐胁迫；0.6% 以上为重盐渍土或盐土，除盐生植物外，一般植物不能生长。因此，如何满足园林植物的土壤需求，调节好园林植物与土壤之间的适应性，是滨海盐碱地地区园林植物能否生长发育并发挥其效益的关键。

天津滨海地区地势平坦，地下水位埋深为 0.5～1.0 m，少部分在 1.0～1.5m 之间（图1-11），地下水矿化度多为 >30g/L 高浓度盐水以及 10～30g/L 的盐水（图 1-12），土壤盐分有轻度、中度、重度盐土、盐土和围海吹填土等类型，其中以盐土面积分布最大（图 1-13），其显著特点是发生于盐渍淤泥上，地势平坦、土壤通透性差，

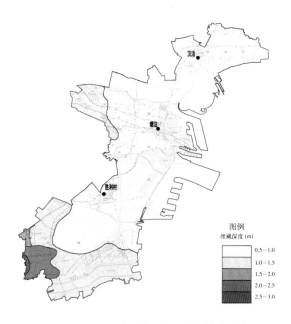

图 1-11 天津滨海地区地下水埋深图

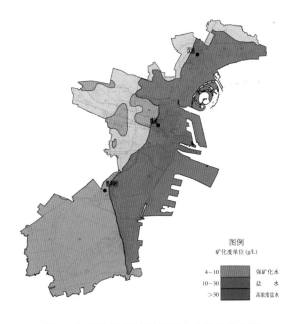

图 1-12 天津滨海地区地下水矿化度分布图

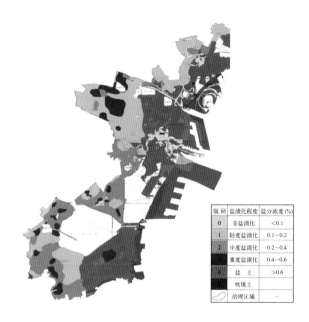

| 级 别 | 盐渍化程度 | 盐分浓度(%) |
|---|---|---|
| 0 | 非盐渍化 | <0.1 |
| 1 | 轻度盐渍化 | 0.1～0.2 |
| 2 | 中度盐渍化 | 0.2～0.4 |
| 3 | 重度盐渍化 | 0.4～0.6 |
| 4 | 盐 土 | >0.6 |
| | 吹填土 | |
| | 治理区域 | — |

图 1-13 天津滨海地区盐渍化程度分布

图 例
■ 狐尾藻、眼子菜水生群落
■ 盐地碱蓬盐生草甸
■ 水稻一年一熟栽培群落
□ 小麦杂粮二年三熟群落
■ 无植被地区

图 1-14 天津滨海地区植被分布图

区域内排水困难，导致土壤不仅表层积盐重，心土层含盐量也高，1 m 土体内最高含盐量达 7%以上，在春秋季节盐分表聚现象十分明显，0 ～ 2cm 土层盐分最高可达 13%，土壤盐分组成与地下水基本一致，主要是以氯化物为主，氯根含量约占阴离子的 80%～90%，其次是硫酸盐，重碳酸盐最少（表 1-4）。由于盐分限制，导致植被生长不良，有机质来源少，降低了磷和锌等养分以及土壤水分有效性，造成园林植物生理干旱，引起植物离子中毒或生理功能失调；为了降低土壤盐害，防止土壤返盐，必须消除盐分积累的根源。要达此目的，关键是控制地下水条件，改变目前的水盐状况，使土壤向脱盐方向发展。

天津滨海地区土壤除过高的盐分制约植物生存之外，土壤 pH 值过高，一般属于碱性和强碱性，限制了酸性植物和中性植物在园林规划设计中的选择和应用。在盐碱地脱盐改良过程中还存在脱盐碱化过程，进一步危害植物生长发育。其原因是由于土壤积盐和脱盐的反复交替促进了土壤溶液中的钠离子与土壤胶体表面吸附的钙离子进行相互交换，促进 $Na^+$ 进入土壤胶体而发生土壤碱化。另一个原因是由于频繁的灌溉，土壤可溶性盐被淋洗，土壤溶液的浓度逐渐下降，代换性钠随之解离，造成土壤溶液的碱度增加，使 pH 值升高。同时，灌溉增加了土壤盐分在土体中的运动，加剧了离子的交换反应，也加速了土壤的脱盐碱化过程。在天津滨海新区已出现灌水——脱盐——碱化的现象。天津滨海新区已建成的城市园林绿地，一般均采取了各种排水排咸措施。大量灌水的结果，加速了土壤脱盐（图 1-15，1-16，1-17，1-18）。例如在局部地方土层 1m 的草坪含盐量已下降至 0.23%；表层(0 ～ 20cm)仅 0.16%，

表 1-4 天津开发区土壤的化学性质及盐分组成

| 理化性质 | | | | | | |
|---|---|---|---|---|---|---|
| 深度 (cm) | pH 值 | 有机质（%） | N（%） | $P_2O_5$（%） | $K_2O$（%） | $CaCO_3$（%） |
| 0 ～ 18 | 8.1 | 1.41 | 0.063 | 0.153 | / | 6.20 |
| 48 | 8.2 | 1.09 | 0.050 | 0.158 | / | 9.70 |
| 100 | 8.12 | 1.02 | 0.059 | 0.157 | / | 12.50 |

| 盐分组成 | | | | | | | |
|---|---|---|---|---|---|---|---|
| 全盐（%） | $CO_3^{2-}$ me/100 | $HCO_3^-$ me/100 | $Cl^-$ me/100 | $SO_4^{2-}$ me/100 | $Ca^{2+}$ me/100 | $Mg^{2+}$ me/100 | $K^++Na^+$ me/100 |
| 3.72 | / | 0.487 | 60.698 | 2.758 | 2.176 | 6.619 | 55.148 |
| 2.84 | / | 0.503 | 45.424 | 2.816 | 1.440 | 6.876 | 43.032 |
| 3.95 | / | 0.559 | 63.928 | 3.444 | 2.496 | 4.297 | 58.556 |

图 1-15 滨海吹填海泥或吹填海沙

图 1-16 滨海吹填海泥或吹填海沙

图 1-17 滨海吹填土生物改良绿化

图 1-18 滨海吹填土生物改良绿化

地下水出现淡化层，矿化度仅有 3.5g/L。但伴随着土壤脱盐，上层土壤（耕层）的 pH 值已由原来的 8.27 上升到 8.70。土壤已出现轻度碱化到重度碱化不等的碱化土壤，将对园林植物产生不良的影响。

天津滨海地区的土壤贫瘠、结构呈块状、片状、柱状结构、土壤紧实度高，同时受高矿化度地下水位、高盐碱制约，天然植物种类较少，在盐田和围海吹填造陆区，呈盐滩裸露地，寸草不生，在盐田之外远离高潮线地方以菊科、禾本科、藜科等植物为代表的草本植物占显著地位（图 1-14），乔木及灌木植物极为稀少，除柽柳、白刺外，其余乔木、灌木均系栽培植物。代表植物有盐地碱蓬 (Suaeda salsa)、碱蓬 (Suaeda glauca)、中亚滨藜 (Atriplex centralasiatica)、芦苇 (Phragmites communis)、地肤 [Kochia scoparia(L.)Schrad.]、猪毛菜 (Salsola collina Pall.)、獐毛 (Aeluropus littoralis var. sinensis)、白刺 (Nitraria schoberi) 等。分布的抗盐树种不多，常见的有臭椿 (Ailanthus altissima)、刺槐 (Robinia pseudoacasia)，有个别的植物如柽柳 (Tamarix chinensis)、白刺 (Nitraria) 形成盐生灌丛。

植被组成类型有盐生植被类型、沼泽植被类型以及人工植被类型。

## 五、大 气

大气与植物的生存息息相关。大气组成、大气污染和大气流动等因素与植物的生态关系密切。大气的组成一般分为恒定部分、可变部分和不定部分等 3 部分。恒定部分包含氮气、氧气、惰性气体，其中氮气是植物重要的氮源，氮素占植物体干重的 1%～3%。当氮素不足时，植物生长受抑，植株矮小，老叶衰老快，果实发育不充分；氧气是植物呼吸的必需物质，植物呼吸时吸收氧气，释放出二氧化碳，并通过氧气参加植物体内各种物质的氧化代谢过程，如果缺氧或无氧，有机质不能彻底分解，植物生长将受到影响，甚至窒息死亡。可变部分包括二氧化碳和水蒸气等，其中，二氧化碳是植物光合作用的主要原料。不定部分主要指各种污染物，如尘埃、硫氧化物、煤烟、氮氧化物等，当大气污染物浓度超过园林植物的忍耐限度，园林植物细胞和组织器官将受伤害，生理功能和生长发育受阻，产量下降，产品品质变坏，甚至造成园林植物个体死亡。滨海盐碱地大气污染物中，降尘和飘尘中通常含有盐或碱，特别是春季易发生的高盐量盐尘，这些颗粒物质落到植物叶片上不但会堵塞气孔，妨碍正常的光合作用、呼吸作用和蒸腾作用，而且会溶入细胞液伤害叶片生理活动。

天津滨海地区处于中纬度欧亚大陆东岸，季风环流旺盛，气候属暖温带大陆性季风气候。春季高空径向环流较强，地面天气系统变化剧烈，多呈不稳定天气；夏季受太平洋副热带高压影响，多为东南海洋气流控制，以偏南风为主；秋季为高压控制，大气稳定；冬季受西伯利亚、蒙古冷高压控制，全区以偏北风为主，稳定天气多（表1-5）。

表 1-5　天津地区气象要素（多年平均值）

| 序　号 | 项　　目 | 单　位 | 数　值 |
|---|---|---|---|
| 1 | 2 | 3 | 4 |
| 1 | 年平均气压 | Mb | 1016.6 |
| 2 | 年平均气温 | ℃ | 12.0 |
| 3 | 极端最高气温 | ℃ | 39.9 |
| 4 | 极端最低气温 | ℃ | −18.3 |
| 5 | 年平均绝对湿度 | Mb | 12.2 |
| 6 | 最大绝对湿度 | Mb | 42.1 |
| 7 | 最小绝对湿度 | Mb | 0.2 |
| 8 | 年平均相对湿度 | % | 68 |
| 9 | 最小相对湿度 | % | 5 |
| 10 | 年平均降水量 | mm | 603.7 |
| 11 | 日最大降水量 | mm | 176.9 |
| 12 | 年平均蒸发量 | mm | 1898.8 |
| 13 | 最大积雪深度 | cm | 20 |
| 14 | 平均雷暴日数 | 日/年 | 27.8 |
| 15 | 最多雷暴日数 | 日/年 | 43 |
| 16 | 最少雷暴日数 | 日/年 | 21 |
| 17 | 平均大风日数（≥17m/s） | 日/年 | 47.1 |
| 18 | 沙尘暴日数 | 日/年 | 2 |
| 19 | 积雪日数 | 日/年 | 14.7 |
| 20 | 雾凇日数 | 日/年 | 2.9 |
| 21 | 霜日数 | 日/年 | 63.2 |
| 22 | 平均风速 | m/s | 4.5 |
| 23 | 定时最大风速 | m/s | 24.7 |
| 24 | 日照时数 | h | 2908.2 |
| 25 | 日照百分率 | % | 66 |

# 第三节
# 滨海盐碱地绿化可持续发展

## 一、概　况

城市化过程是一个把人和自然分隔的过程，从某种意义上说，是对自然环境的破坏过程，这种破坏直接影响到了城市的可持续发展。城市园林绿化作为城市生态的重要组成部分，是人们在城市中创造"第二自然"的过程，也是城市环境中唯一有生命的基础设施，具有独立性和不可替代性，是实现城市可持续发展的基础和前提。另外，沿海地区是大陆和海洋的过渡带，它一方面易受风暴潮、风沙、盐雾的影响；另一方面，沿海地带一般地势较低，土壤含盐量和地下水位高，土壤质地黏重，土壤自然脱盐率低，同时沿海地区城市港口星罗棋布，是我国经济发达区域。人们在发展经济的同时，对城市的环境建设也提出了更高要求，各地对绿化建设十分重视，尤其是对盐碱地绿化投入了大量的人力物力，但其根本问题未得到解决，大量投入后未得到预期的效果。其问题和隐患主要体现在：

（1）绿化植物品种单调，绿化效果差；

（2）次生盐渍化现象严重，植物种植成活率低，资源浪费严重（重复建设）；

（3）绿化成本和维持费用高；

（4）缺乏技术支撑；

（5）城市绿地系统可持续能力弱等共性问题。

因此，为了适应当地经济发展、招商引资以及生态宜居，滨海盐渍化地区的生态恢复、生态重建和海防林建设已成为国家、各地政府关注的重点之一。

## 二、滨海盐滩绿化发展历程及面临的突出矛盾

### 1. 盐滩绿化事业的发展历程

盐碱土改良历史悠久，所使用的技术措施多是水利工程改良、化学改良、种植耐盐碱植物、改土培肥以及综合技术措施等，总体来看，盐碱土改良问题没有解决。

我国历来十分重视滨海盐碱地治理工作。新中国建立初期就相继成立渤海、东海造林事务所，河北海滨林业局，苏北沿海防护林试验站等科研机构，同时修建了近4000km海岸基干林带，并在

滨海盐碱地防护林的树种选择、造林技术、结构功能、海岸防护林和防浪林营造等方面取得了一定的成果。

国内20世纪50年代开始，就在辽宁盘锦、山东寿光、江苏、天津等地实施水利工程改良滨海盐碱地的基础上进行了耐盐树种筛选试验，选育出泰青杨、绒毛白蜡等泥岸耐盐碱优良树种。山东省林科所寿光盐碱造林试验站赵宗山等在经改造成台田含盐量0.3%以下的条件下，选育出的泰青杨生长良好。山东农业大学徐明广、山东滨州农校苏其鹏等经试验证实绒毛白蜡是泥岸耐盐优良树种。由山东林科院张敦论、辽宁省林科院于雷等完成的《沿海防护林体系综合配套技术研究》成果，在泥质海岸树种选育方面取得了重大突破：通过田间试验和耐盐水培、沙培等盆栽试验，筛选出适合不同盐碱地的造林树种。2006年沿海防护林二期工程正式启动。但我国对含盐量较高的滨海淤泥质滩地耐盐碱树种（品种）的选育和培育技术研究较少，尚未建立起完整的理论基础和耐盐碱植物评价体系，突破性成果不多，泥质海滩防护林营建树种单一、生物多样性缺乏、景观单调等问题没有得到根本解决。

随着国家改革开放和城市化进程的推进以及可持续发展作为指导我国环境与经济社会发展的重大战略逐步进入党的纲领性文件和政府的施政纲领，20世纪80年代成立的第一批多位于盐碱地区国家级开发区也面临着发展经济和生态环境建设的协同发展问题，而如何将原为滨海滩涂、盐田、围海造陆等一般植物难以成活地区建设成海滨休闲旅游、生态廊道、生态组团和生态人居等生态宜居城区，无疑是一个巨大的挑战。

天津泰达园林建设有限公司（以下简称为泰达公司）在天津经济技术开发区所坐落的塘沽盐场三分场"绿色禁区"的盐碱荒滩上开展有关盐碱地绿化技术的系列研究探索，创建了盐碱地改良技术体系。

一是结合滨海地区水文地质条件和城市排水特点，通过20年的探索、完善，在"水盐平衡"基础上提出"允许深度"概念，优化和创建了"浅密式"高效排水降盐新工艺及配套的集成技术体系，该技术目前已广泛应用在滨海浅潜水淤泥质软基础地区，使滨海盐碱地区绿化由不可行变为可行。多年的应用实践表明该系统脱盐、排盐、控盐效果稳定。

二是本着整体、协调、循环、再生的生态工程原则，依据城市生态系统和自然生态系统各自能流、物流特点，在园林绿地设计、植物选择等方面进行优化，使其在结构和功能方面按照生态系统模式等进行耦合，实现废弃物（固体废弃物及中水）的闭环使用、污染物的资源化和生态环境的良性循环。粉煤灰、海湾泥、碱渣工程土的综合开发利用，诺和诺德工业残渣的无害肥料化、中水作为绿化灌溉水、园林有机废物堆肥处理、周边地区大型养殖场产生废物肥料化等，为解决开发区土源、肥源、水源的紧缺发挥了十分重要的作用。

三是将城区绿化立足于整个滨海地区的大环境建设之中，即提高整个滨海地区的生态环境质量、环境容量和生态服务功能，使绿地形成点、线、面、带、片、网有机结合的生态园林体系，推动滨海地区的环境与经济建设稳步、协调、可持续发展。根据区域的发展规划和特点，构建了滨海盐碱地地区城市生态园林绿化技术模式。可以说滨海盐碱地规模化绿化起始于天津泰达，经过泰达的盐滩绿化工作者在这片寸草不生的盐碱滩20余年植树造林、造园绿化的研究摸索，取得了30多项国家级、省部级研究成果，为今后天津滨海盐碱地地区生态宜居城市建设打下了良好基础。

**2. 盐滩绿化事业面临的突出矛盾**

随着沿海地区的开发开放以及宜居城市建设，滨海盐碱地的园林绿化事业也面临着一些突出的矛盾，这些矛盾已经制约或将要制约盐碱地地区城市园林绿化事业的可持续发展。

（1）城市生态环境建设与经济协同发展之间的矛盾：滨海地区园林绿化立地条件一般面临着地势低洼、地下水位高、地下水矿化度大、土壤盐碱化程度重、土壤脱盐难等困难，土壤改良一般需要一定的时间。这种改良所需要的时间一般很难适应经济发展对环境建设的要求，若按传统的客土绿化方法本身也违背了可持续发展的要求。

（2）园林绿地的可持续发展与植物立地空间之间的矛盾：由于植物存活和生长的立地条件限制和快速绿化要求，建设初期为确保植物成活多采用中轻度盐渍化土壤，但土层一般较浅（1m左右），造成植物（特别是行道树）根系生长空间有限。一般来说，植物根系的生长与植物地上枝条的生长是同步进行的，根系生长受抑制必然导致植物上部的生长减缓，甚至停止生长。如果增加植物根系有效土层厚度，不仅导致建设成本的大幅提高，还对市政系统提出了更高要求。

（3）绿地建设及维护成本与资金保障之间的

矛盾：盐碱地绿化先天环境较差，在土壤改良、水盐调控、植物选择、盐碱控制、绿地养护等方面的投入都要高于一般地区。目前盐碱地区城市绿化之间还存在攀比、效仿、上档次、上水平、要速度等因素，无疑也加大了资金投入，同时也失去了自身特色。因此，在保证绿化、美化的同时，如何结合区域功能定位进行有针对性的绿化，保持地域植被景观特色，原土绿化、盐生植物利用、节水技术、废弃物资源化利用等途径来降低造价，另外可进行生态价值评估，进行市场化运作，开展新的融资渠道等来解决大面积绿化所需

要的资金。

（4）绿地系统规划与总体规划缺乏协调：很多绿地系统规划是随着区域土地开发逐步推进形成，缺乏与总体规划的协调一致，现已产生许多弊端。例如：由于市政管网缺乏与绿地规划协调一致，导致不必要的重复建设。

这些矛盾的存在，决定了滨海盐碱地园林规划设计不同于一般地区，以下章节将结合我们20多年规划设计经验，就盐碱土改良、给排水、土建、种植等工程设计方面进行详细阐述。

# 第二章
# 园林规划设计的依据、原则和程序

人类社会进入 21 世纪，人们对园林的认识已经逐渐从传统园林概念转向了现代园林。园林学的内涵和外延远远超出了传统造园的界限。园林设计的业务范围已经不再拘泥于传统意义上的皇家园林、私人宅园、庭园，其领域已经涵盖传统园林学、城市绿地系统和大地景观规划 3 个层次，业务领域与国际上的 Landscape architecture 基本相当。园林设计的最终目的是要创造生态健全、景观优美、反映时代文化和可持续发展的人类生活环境。

# 第一节　园林设计的依据

## 一、科学依据

园林设计是在一定的地域范围内，运用园林艺术和工程技术手段，通过改造地形、种植树木花草、营造建筑和布置园路等途径创作而建成的美的自然环境和生活、游憩境域的过程。园林设计所涉及的知识面较广，它包括：生物、生态、工程、建筑、文学、艺术等领域。因此，园林设计是一门科学性和艺术性相统一的学科。在任何园林艺术创作过程中，要依据有关工程项目的科学原理和技术要求进行，园林的美景是科学指导的结果。如在园林设计中，要依据设计要求结合原地形进行园林的地形和水体规划。设计者必须对该地段的水文、地质、地貌、地下水位、冻层深度、土壤状况等资料进行详细了解。如果没有现成的翔实资料，务必补充勘察。可靠的科学依据，为地形改造、水体设计等提供物质基础，避免产生土方塌陷、水体漏水等工程事故；在盐碱地区，可以避免土壤次生盐渍化等严重后果。种植设计要依据植物的生长要求、生物学特性，根据不同植物的喜阳、耐阴、耐旱、怕涝、耐盐等不同的生态习性进行配植，甚至采取土壤改良等技术措施为植物的生长创造立地条件，满足植物生态习性。一旦违背植物生长的科学规律，必将导致种植设计的失败。园林建筑、工程设施，有更严格的规范要求。园林设计关系到科学技术方面的问题很多，有土方、水利工程技术方面的，有建筑科学技术方面的，有植物甚至动物等方面的科学问题。所以，园林设计的首要问题是要有科学依据。

## 二、社会需要

园林反映社会的意识形态，体现社会的需要。

面对日趋严峻的资源紧缺和生态环境问题，党的十六届三中全会及时地提出了建设资源节约型、环境友好型社会的战略方针，将人与自然的和谐发展作为我国社会经济可持续发展必须解决的首要问题。园林建设必须依据社会的需求，实现 3 个目标：一是节约资源和能源。在园林绿地的规划、设计、施工、养护及运营等环节中，按照资源的优化配置、合理利用和循环经济等原则，最大限度地节约各种资源，提高资源的利用率，并减少能源消耗。二是改善生态与环境。借助城市园林绿地完善城市生态系统，充分发挥绿地在维持碳氧平衡、蓄水保水、调节温湿度、滞尘减污、防风减噪等方面的积极作用，使园林绿化真正成为城市中不可或缺的基础设施之一。三是实现人与自然的和谐发展。园林绿化建设中以自然文化为主体，营造适宜的自然空间和场所，加深人们对自然空间的理解和认知，促进人们对大自然的积极保护与合理利用。社会的需要包括诸多方面，但均以人的需要为出发点，因此园林设计必须体察广大人民群众的心态，满足社会需要。

## 三、功能要求

城市绿地按照不同的功能作用，分为以下几种类型：公园绿地、防护绿地、生产绿地、附属绿地和其他绿地。不同绿地有不同的功能作用，如公园绿地是为城市居民提供室外休息娱乐的场所，具有卫生防护、美化城市、保护生态平衡、提高居民素质的功能；防护绿地具有卫生、隔离和安全防护功能等。公园绿地中包含了不同的类型，其规划、设计、建设、管理的要求是不同的。防护绿地所在位置和防护对象的不同，对绿地的宽度和种植方式的要求各异。园林设计要依据不同层面的功能要求，选用不同的设计手法，满足多种功能需要。

## 四、经济条件

经济条件是园林设计的重要依据。同样一处园林绿地，不同的设计方案，所需要的造价是不同的；甚至同样一个设计方案，由于采用的建筑材料、苗木规格、施工标准的不同，项目投资是不一样的。因此，设计者必须了解项目投资计划，力求在有限的投资条件下，发挥最佳设计技能，节省开支，创造出最理想的作品。

## 第二节　园林设计的原则

"适用、经济、美观"是一切园林规划设计必须遵守的原则。

园林规划设计首先要考虑适用的问题。所谓适用，就是园林的功能要适合于服务对象，同时要因地制宜，科学合理。在某滨海盐碱地区城市综合公园的水体设计中，由于地下水位较高，外围水系直接与景观水体相连，景观水体的水质矿化度高，全盐含量和 pH 值偏高。如果水体侧渗或最高水位线控制不合理，势必造成种植土的盐渍化，给植物的生长造成致命的威胁。种植设计是园林设计的重要部分，盐碱地城市园林设计中，必须充分考虑地下水位的情况，结合植物根系深浅的不同，选择适当的种植区域，有时需要采取必要的技术措施，抬高地形或控制水位，确保植物根系不受盐害。一些要求比较高的城市，新建工程乔木的支撑形式也要求设计出来，那么，当地的主导风向及强度就决定了支撑的形式，如风向稳定、风力较小的地区，适合采用门形架；风向多变、风力较大的地区，三脚架、四角架支撑形式是合理的选择。对园林设计者来说，要因地制宜，具体问题具体分析，采取科学合理的措施，创造出适用的园林作品。

其次要考虑经济的问题。经济考虑的是以较少的投入，实现最大的效果。盐碱地城市绿化的建设费用相对非盐碱地区的费用要高一些，主要原因是地下工程（如加设盲管等）和后期养护管理（如控盐等）的费用较高。从科学发展观的角度来看，盐碱地的土地开发建设，实现了资源的开发利用，其整体经济效益和社会效益的价值，远远超过在绿化建设上的投入。项目决策者要从长远、宏观的角度，正确看待项目建设费用与长期投入的关系。必要的工程技术措施，虽然加大了项目的建设费用，但是它确保了绿化建设效果，避免了工程返工、重复建设的费用，一次投入，长久受益。园林设计者要因地制宜，尽量在投资少的情况下，把项目做好。

美观是尽可能要考虑的问题。对美观的把握，是多方面的。园林作品在客观上就是塑造一种空间环境，这种环境的外在形态通常是设计者通过艺术构图原理而设计的，具有外在的形式美。同时，也可以赋予空间环境一定的文化内涵，使欣赏者产生某种联想，感受到特有的意境美。此外，个性美也是园林设计美观的体现。盐碱地城市园林中，耐盐植物、湿地生态、盐碱地貌等是特有的景观要素，如果加以提炼、有目的地加以运用，就可以设计出具有地方特色的园林景观。

"适用、经济、美观"三者密不可分，他们之间的关系可能在具体项目中有所侧重。园林设计工作必须在适用和经济的前提下，尽可能地做到美观。

## 第三节　园林设计的程序

### 一、前期设计准备阶段

#### 1. 熟悉甲方设计任务的要求

设计任务的具体要求通常由甲方以设计委托书的形式提出。设计委托书是甲方将某待建项目委托给设计单位进行设计的书面文件。它是设计工作开展的直接依据。其主要内容包括：项目概况、建设目的、设计要求、设计周期等。在实际工作中，一些项目直接以设计合同书代替设计委托书。

#### 2. 图纸资料收集

（1）项目定桩书：项目定桩书通过关键点坐标的控制，准确给出了项目建设的范围。

（2）区域现状图、总体规划图及绿地系统规划图：通过区域现状图和总体规划图可以了解建设用地目前和未来与周边道路、用地、河道等周边环境要素的关系，便于设计从区域性、整体性的角度解决问题。绿地系统规划中，对一些重要绿地的建设有一些指导性建设建议，这些建议可以作为设计的参考依据。

（3）现状地形图：根据面积大小，提供1:2000、1:1000、1:500 的总平面地形图。图纸应明确显示地形、标高、现状物的位置。现状物主要指现有建筑物、构筑物、道路、水系、植物、市政给水、排水等。其中市政道路雨水排水口的位置和标高，往往直接决定滨海盐碱地绿地的排盐系统布置形式。现状物中，要求保留利用、改造和拆迁等情况要分别注明。

（4）地下管线图：提供 1:500, 1:200 的地下管线图（平面图、剖面图）。标明现状地下上水、雨水、污水、电信、电力、燃气、热力等管道位置、宽度、管顶管底标高。如有规划增设或改线的管线，也需要标明。

### 3. 现场踏查

现场踏查是方案设计开始以前必不可少的一项工作。主要任务如下。

(1) 了解掌握区域自然、社会、经济环境状况：本土的气候、水文、地质、地形、植物等自然条件直接影响着园林设计要素的选择，如植物品种、建筑材料、技术措施等。滨海盐碱地区特别需要做的工作是土壤理化性质的化验，有时需要对场地地下水的矿化度进行化验。社会风俗习惯、人文状况决定着人的价值取向，园林的形式和内容通常直接体现了人们的愿望和要求。区域经济发展状况也直接影响着园林建设的力度和水平。

(2) 拍摄现状照片，为方案设计提供图片参考。

(3) 身临其境，寻找方案创作的灵感。

园林艺术在一定程度上是空间的艺术，他与外界存在着某种固有的联系，当设计者身临其境的时候，周围的景物必然会引起注意，常常会产生设计的灵感。从而对于现状可利用、可借景的景物和不利的物体，在规划过程中分别加以适当处理。

## 二、方案设计阶段

方案设计应满足编制初步设计的需要，能满足编制工程估算的需要，满足项目审批的需要。方案设计阶段主要包括以下内容。

### 1. 设计说明

设计说明应包括项目概述、现状分析、设计依据、指导思想和设计原则、总体构思与布局、各专业设计说明、主要工程技术措施（滨海盐碱地绿化设计应包括排盐改土方面的设计说明）、技术经济指标及投资估算等内容。

(1) 项目概述：简述项目背景、工程位置、工程规模及场地地形地貌、水体、道路、现状建筑物构筑物和植物的分布状况等；简述区域环境和设计场地的自然条件、交通条件以及市政公用设施等工程条件。

(2) 现状分析：对项目的区位条件、工程范围、自然环境条件、历史文化条件和交通条件进行分析。

(3) 设计依据：列出与设计有关的依据性文件。

(4) 设计指导思想和设计原则：概述设计指导思想和设计遵循的各项原则。

(5) 总体构思和布局：说明设计理念、设计构思、功能分区和景观分区，概述空间组织和园林特色。

(6) 专项设计说明：包括竖向设计、园路设计与交通分析、水系设计、种植设计、园林建筑小品设计、给水排水设计、电力电讯设计等。可以根据项目类型和规模，增减或合并有关内容。

(7) 主要工程技术措施说明：滨海盐碱地区有时需要考虑排盐系统设计、土壤改良技术措施、防海水倒灌措施等。

(8) 技术经济指标：计算各类用地面积，列出用地平衡表和各项技术经济指标。

(9) 投资估算：通常有两种计算方法，即结合常规经验估算和按照工程项目、工程量，分项估算再汇总。工程投资估算编制时，须注意以下几点：第一，概预算工种必须依据方案阶段设计要求、国家和地方有关收费标准、市场价格信息等编制项目投资估算。第二，投资估算应与项目可行性研究报告的批准文件、计划投资额相一致，否则需与各工种、建设方投资部门共同协商，调整投资估算或投资部门补充批文才可报出。第三，不同的建设方，往往对投资估算的内容要求不同。因此，投资估算包括的内容也不尽相同。

### 2. 设计图纸

设计图纸应包括区位图、现状分析图、总体设计平面图、功能景观分区图、竖向设计图、道路系统图、种植设计图、园林建筑小品图、综合管网图、电气系统图、鸟瞰图及其他效果图等。根据项目类型和规模，设计图纸可适当增减或合并，投标项目的图纸内容可按标书的要求适当增减或合并。

(1) 区位图：属于示意性图纸，表示该项目在城市或区域中的位置，要求简洁明了。

(2) 现状分析图：充分反映场地及周边现状的图纸，设计者需要对现状从不同层面进行分析、整理、归纳，给予综合评述。如经过对四周道路的分析，根据主次城市干道的情况，确定出入口的大体位置和范围。通过对周围水系或市政排水系统的分析，确定绿地标高和绿地排水形式。同时，通过现状图分析有利和不利因素，以便为功能分区提供参考依据。

(3) 总体设计平面图：应包括以下内容：第一，应标明指北针、图例、比例尺等内容。第二，周边环境的关系。出入口位置与市政关系，周边道路、建筑物、厂区等名称，标明场地与周围边界是围墙或透空栏杆。第三，公园地形或水体总体规划。明确地形的空间架构，体现对景观空间的组织作用和对地表雨水收集排放的作用。第四，道路系统规划。道路的布局和分级情况需要表达清楚。第五，建筑物、构筑物、广场、小品等的布置。要求反映总体设计意图。第六，种植设计。总平面图应反映密林、疏林、树丛、草坪、花坛、花境、专类园等植物景观。

（4）分区图：根据总体设计原则、现状图分析，按照不同的需要，确定不同的分区，划分不同的空间。使不同空间满足不同功能的要求，并使功能和形式相统一。分区图除反映不同功能分区之外，还需要体现不同分区、空间之间的关系。此图属于示意说明性质，可以采用抽象图形或圆圈等图案予以表示。

（5）竖向设计图："山为体、草木为皮毛"，地形是园林的骨架。地形设计图需要表现以下要点：第一，要求表达地形起伏与水系之间的有机联系。第二，根据功能分区的需要，进行空间组织。在空间组织中，利用地形来创造景观，确定制高点、山峰、山脉、山脊走向、起伏、缓坡、微地形等。第三，利用地形组织地表排水。确定汇水区域、水体区域、常水位、洪水位以及给水口排水口面积等。第四，确定地形、道路、水体、广场、建筑室内地坪的标高，明确他们与周围道路、河湖标高之间的合理关系。第五，滨海盐碱地园林地形设计需要满足植物正常生长所需土层厚度和地下水位等情况。地形设计图最常用的方法是等高线法。

（6）道路系统设计图：道路系统设计图需要反映的内容：第一，确定主入口、次入口与专用入口的位置，确定主要环路、次要道路的位置以及作为消防的通道。第二，确定各级道路的宽度和排水坡度，标明主要道路的控制标高。第三，确定各种道路的路面材料和铺装形式。

（7）种植设计图：根据总体设计图的布局和设计原则，结合市场苗木供应情况和当地的适应性，确定植物设计的总体构思。第一，安排不同的种植类型，如密林、疏林、树群、树丛、孤赏树、草坪、园路树、湖岸树等内容。还有以植物造型为主的专类园，如百草园、百果园、牡丹园、水景园等。第二，确定基调树种、骨干造景树种，包括乔木、灌木、草坪比例，常绿树与落叶树比例等。第三，种植设计图上，乔木树冠以中壮年树冠的冠幅来表示，一般以5～6m树冠为制图标准，灌木、花卉以相应尺寸来表示。第四，种植设计往往容易创造出诗情画意的意境空间。第

五，植物实景照片通常作为种植设计图的补充。

（8）园林建筑设计图：各类建筑的平面图、立面图、剖面图，要求在平面上反映园林建筑的布局以及他们与道路、广场等的关系。

（9）管线总体规划图：根据总体设计要求和外围条件，解决上水水源、总用水量及管网的大致分布、管径大小、水压高低等。解决雨水、污水的水量、排放方式、管网分布、管径大小及下水的排向等。滨海盐碱地区园林工程中，如果需要增加地下排盐盲管，需要确定管线位置、埋深等。

（10）电气规划图：解决总用电量、分区供电设施、配电方式、电缆敷设以及各区照明方式及位置等。

（11）总体设计鸟瞰图：属于设计效果表现的关键图纸。与总设计平面图相对应，基本能直观反映总体空间情况。鸟瞰图的表现形式是多样的，如电脑制作、手工绘制等。可根据设计者的表达习惯，选择具体的方式。鸟瞰图制作要点：第一，鸟瞰图除表现设计范围内容之外，还应该画出周边环境，如与周边道路交通、河湖水系、建筑等的关系；第二，鸟瞰图可采取一点透视、两点透视或多点透视、轴测图的绘制方法；第三，在尺度、比例上尽可能准确反映景物形象；第四，鸟瞰图应遵循"近大远小、近清楚远模糊、近写实远写意"的透视法则，以达到鸟瞰图的真实感、空间感、层次感。

### 3. 方案汇报

方案最终确定之前，委托方通常会组织方案评审会。设计者的主要任务是向甲方或专家汇报方案，并就评审提出的问题进行解答，根据评审意见，进一步完善方案。

## 三、初步设计阶段

设计方案通过后，进入初步设计阶段。初步设计文件应满足编制施工图设计文件的需要，满足各专业设计的平衡与协调，满足编制工程概算的要求，满足审批的需要。初步设计阶段主要包括以下内容。

### 1. 设计总说明

（1）设计依据：政府主管部门批准文件和技术要求；建设单位设计任务书和技术资料；其他相关资料。

（2）应遵循的主要的国家现行规范、规程、规定和技术标准。

（3）简述工程规模和设计范围。

（4）简述工程概况和工程特征。

（5）简述设计指导思想、设计原则和设计构思或特点。

（6）各专业设计说明，可单列专业篇。

（7）一般用表列出主要技术经济指标。

（8）根据政府主管部门要求，设计说明可增加消防、环保、卫生、节能、安全防护和无障碍设计等技术专业篇。

（9）列出初步设计文件审批时，需要解决和确定的问题。

### 2. 设计图纸

（1）总平面图：包括总图的设计说明和总平面图。设计说明可注于图上，或归于设计总说明，或单列技术专业篇章。其内容包括设计依据，场地概述，总平面布置的功能分区原则、远近期结合示意图、交通组织及环境绿化建筑小品的布置原则。总平面图绘制要点：一般采用 1:500、1:1000、1:2000 的比例绘制；指北针或风玫瑰图；基地周围环境情况；工程坐标网；基地红线、蓝线、绿线、黄线和用地范围线的位置；基地地形设计的大致状况和坡向；保留的建筑、地物和植被；新建建筑、小品的位置；道路、坡道、水体的位置；绿化种植区域；必要的控制尺寸和控制高程等。

（2）竖向设计图：包括设计说明和设计图纸。简单工程的竖向平面图可以和总平面图合并绘制。设计说明内容包括：设计依据、设计意图、土石方平衡情况及采用的标高系统；列出初步设计文件审批时需要解决的问题。设计图纸绘制要点：一般采用 1:500、1:1000 的比例绘制；标明道路和广场标高；标明场地附近道路、河道的标高及水位；一般采用等高线法标明地形设计标高；标明基地内设计水系、水景的最高水位、常水位、最低水位（枯水位）及水底的标高；标明主要景点的控制标高。此外，需要列出场地内土石方量的估算表，标明挖方量、填方量、需外运或进土量；必要时，作场地设计地形剖面图并标明剖线位置。

（3）种植设计图：包括种植设计说明和设计图纸。设计说明内容包括：概述设计任务书、批准文件和其他设计依据中与绿化种植有关的内容；概要说明种植设计的设计原则；种植设计的分区、分类及景观和生态要求；对栽植土壤的 pH 值、含盐量、孔隙度的规定；各类乔木、灌木、地被植物、水生植物、草坪配置要求；列出在初步设计文件审批时需要解决和确定的问题。设计图纸的绘制

要点：一般采用 1:500、1:1000 的比例绘制；画出指北针或风玫瑰图及与总图一致的坐标网；标出应保留的树木；采用简明易懂的树木图例；分别表示出不同类别植物的位置和范围；标出主要植物的名称和数量；绘制整体或局部剖面图，反映种植土、垫层等的厚度关系等。此外，需提供主要植物材料表，列出植物的规格、数量，其深度需满足概算需要。

（4）园路、广场铺装和景观小品设计：包括设计说明和设计图纸。①设计说明内容包括：以园路、广场和景观小品的各种不同类型，逐项分列进行设计说明并概述其主要特点和基本参数；涉及市政需求的交通、防汛、消防等专业设计应明了清晰、数据确切；列出在初步设计文件审批时，需解决和确定的问题。②设计图纸绘制要点：一般采用 1:50、1:100、1:500 的比例绘制；设计图纸应严格执行工程建设标准强制性条文；园路、广场应有总平面布置，图中应标注园路等级、排水坡度等要求；园路、广场主要铺装要求有广场、道路断面图、构造图。必要时，增加放大剖面图和细节；园林建筑设计文件应按《建筑工程设计文件编制深度规定》执行；其他设计图纸。此外，列出主要材料名称和工程量，其深度需满足概算需要。

（5）结构设计图纸：包括设计说明和设计图纸。设计说明书内容包括：①设计依据。如本工程结构设计所采用的主要规范（程）；相应的工程技术资料；采用的设计荷载；建设方对结构提出的设计要求。②内容。工程地质资料的描述；上部主体结构选型和基础选型，结构的安全等级和设计使用年限，抗设防；景观水池、驳岸、挡土墙、桥梁、涵洞等特殊结构型式；山体的堆筑要求和人工河岸的稳定措施；为满足特殊使用要求所作的结构处理；主要结构构件材料的选用；新技术、新结构、新材料的采用等。③列出在初步设计文件审批时，需解决和确定的问题。设计图纸（简单的小型工程除外）绘制要点：一般采用 1:50、1:100、1:200 的比例绘制；结构平面布置图，注明主要构件尺寸，条件许可时提供基础布置图；园林建筑和小品结构专业设计文件应符合建设部颁布的《建筑工程设计文件编制深度规定》的规定；复杂的建（构）筑物应作结构计算，计算书经校审后存档。

（6）给水排水设计图纸：包括设计说明、设计图纸、主要设备材料表。

设计说明内容包括：①设计依据。批准文件、

采用的主要法规和标准、其他专业提供的设计资料、工程可利用的市政条件等。②设计范围。③给水设计。说明各给水系统的水源条件；列出各类用水标准和用水量、不可预计水量、总用水量（最高日用水量、最大时用水量）；说明各类用水系统的划分及组合情况，分质分压供水的情况；说明浇灌系统的浇灌方式和控制方式。④排水设计。工程周边现有排水条件简介；当排入市政或小区排水系统时，应说明市政或小区排水系统管道的大小、坡度、排入点的标高、位置或检查井编号；当排入水体（江、河、湖、海等）时，还应说明对排放的要求；说明设计采用的排水制度和排水出路；列出各排水系统的排水量；说明雨水排水采用的暴雨强度公式、重现期、汇水面积等。污水或雨水需要处理时，应分别说明所需处理的水质、处理量、处理方式、设备选型、构筑物概况及处理效果等。⑤排盐系统的构成及分级情况。说明各种管材、接口的选择及敷设方式。⑥若工程中有规模较大的建筑，还应将建筑给排水设计单立篇章加以阐述。⑦简述节能、节水和环保措施。⑧列出在初步设计文件审批时，需解决和确定的问题。

设计图纸绘制要点：图纸比例一般采用1:300、1:500、1:1000；在总图上，绘出给水、排水管道的平面位置，标注出干管的管径、流水方向、洒水栓、消火栓井、水表井、检查井、化粪池等其他给排水构筑物；指北针（或风玫瑰图）等；标出给水、排水管道与市政管道系统连接点的控制标高和位置等。此外，应提供主要设备表，按子项分别列出主要设备的名称、型号、规格（参数）、数量。

（7）电气设计：包括设计说明书、设计图纸、主要电气设备表等。

设计说明书内容包括：①设计依据。有关文件、其他专业提供的资料、建设单位的要求、供电的资料、采用的标准等。②设计范围。③供配电系统：包括负荷计算、负荷等级、供电电源及电压等级。④照明系统。光源及灯具的选择、照明灯具的控制方式、控制设备安装位置、照明线路的选择及敷设方式等。⑤防雷及接地保护。防雷类别及防雷措施接地电阻的要求、等电位设置要求等。⑥弱电系统。系统的种类及系统组成、线路选择与敷设方式。⑦需提请在设计审批时解决或确定的主要问题。

设计图纸主要设计要点：①电气总平面图。

图纸比例一般采用1:500、1:1000；变配电所、配电箱位置及干线走向；路灯、庭园灯、草坪灯、投光灯及其他灯具的位置。②配电系统图（限于大型园林景观工程）。标出电源进线总设备容量、计算电流；注明开关、熔断器、导线型号规格、保护管径和敷设方法。此外，主要设备材料表应注明设备材料名称、规格、数量。

**3. 工程概算**

初步设计阶段需要提供设计概算书。设计概算由封面、扉页、概算编制说明、总概算书及各单项工程概算书等组成。

概算编制说明应包含如下内容：包括建设规模和建设范围；批准的建设项目可行性研究报告及其他有关文件；现行的各类国家有关工程建设和造价管理的法律法规和方针政策；能满足编制设计概算的各专业设计文件；使用的定额和各项费率、费用取定的依据，主要材料价格的依据；工程总投资及各部分费用的构成；工程建设其他费用及预备费取定的依据；列出在初步设计文件审批时，需解决和确定的问题。

总概算书主要内容：建设项目总概算由建安工程费、工程建设其他费用及预备费用等3部分组成。建安工程费由各单项工程的费用组成；工程建设其他费用及预备费用按主管部门文件规定编制，可以参考业主提供的资料。

# 四、施工图设计阶段

初步设计确定以后，接着就要进入施工图设计阶段。施工图设计文件应满足施工、安装及植物种植需要；满足施工材料采购、非标准设备制作和施工的需要；对于将项目分别发包给几个设计单位或实施设计分包的情况，设计文件相互关联处的深度应当满足各承包或分包单位设计的需要。在设计中须因地制宜正确选用国家、行业和地方标准图集，并在设计文件的图纸目录及施工图设计说明中注明被选用图集的名称。重复利用其他工程图纸时，应详细了解原图可利用的条件和内容，并作必要的核算和修改，以满足新设计项目的需要。园林建筑的设计文件应按建设部《建筑工程设计文件编制深度规定》的要求执行。风景园林工程设计须因地制宜、节约资源、保护环境，做到经济、美观，符合节能、节水、节材、节地的要求；并积极提倡新技术、新工艺、新材料的应用。施工图设计主要包括以下内容。

## 1. 设计说明

一般工程按设计专业编写施工图说明；大型工程可编写总说明。设计说明的内容以诠释设计意图、提出施工要求为主。

## 2. 设计图纸

包括各专业施工图、施工详图及套用图纸和通用图等。设计图纸按设计专业汇编。

（1）总图（总平面图）：包括必要的设计说明和总平面图。总图（总平面图）设计应包括以下要点：一般采用1:500、1:1000、1:2000的比例绘制；指北针或风玫瑰图；设计坐标网及其与城市坐标网的换算关系；单项的名称、定位及设计标高；采用等高线和标高表示设计地形；保留的建筑、地物和植被的定位和区域；园路等级和主要控制标高；水体的定位和主要控制标高；绿化种植的基本设计区域；坡道、桥梁的定位；围墙、驳岸等硬质景观的定位；总图应具备正确的定位尺寸、控制尺寸和控制标高；工程特点需求的其他设计内容。

（2）竖向设计图：包括设计说明和设计图纸。设计说明主要内容：竖向设计的依据、原则；基地地形特点及土石方平衡；施工应注意的问题。此外，竖向设计说明可注于图上，或纳入设计总说明。设计图纸包括平面图、土方工程施工图、假山造型设计以及地形复杂的应绘制必要的地形竖向剖面（断面）图等。

平面图绘制要点：一般采用1:200～1:500比例绘制；标明基地内坐标网，坐标值应与总图的坐标网一致；标明人工地形（包括山体和水体）的等高线或等深线（或用标高点进行设计），设计等高线高差为0.1～1m；标明基地内各项工程平面位置的详细标高，如建筑物、绿地、水体、园路、广场等标高，并要标明其排水方向。

土方工程施工图，要标明进行土方工程施工地段内的原标高，计算出挖方和填方的工程量与土石方平衡表。

假山造型设计要点：绘制平面图、立面图（或展开立面）及剖面图；说明材料、形式和艺术要求并标明主要控制尺寸和控制标高。

地形竖向剖面（断面）图绘制要点：竖向剖面图应画出场地内地形变化最大部位处的剖面图；标明建筑、山体、水体等的标高；标明设计地形与原有地形的高差关系，并在平面图上标明相应的剖线位置。工程简单时，竖向平面图可与总平面设计图合并绘制。

（3）种植设计图：包括设计说明和设计图纸。设计说明主要内容：根据初步设计文件及批准文件简述工程的概况；种植设计的原则、景观和生态要求；对栽植土壤的规定和建议；规定树木与建筑物、构筑物、管线之间的间距要求；对树穴、种植土、介质土、树木支撑等作必要的要求；应对植物材料提出设计的要求。设计图纸包括平面图、植物材料表。

平面图绘制要点：一般采用1:200、1:300、1:500的比例绘制；指北针或风玫瑰图；设计坐标应与总图的坐标网一致；标出场地范围内拟保留的植物，如属古树名木应单独标出；分别标出不同植物类别、位置、范围；标出图中每种植物的名称和数量，一般乔木用株数表示，灌木、竹类、地被、草坪用每平方米的数量（株）表示；种植设计图，根据设计需要宜分别绘制上木图（乔木、及大型独本灌木）和下木图（丛生灌木、地被植物及草坪）；选用的树木图例应简明易懂，同一树种应采用相同的图例；同一植物规格不同时，应按比例绘制，并有相应表示；重点景区宜另出设计详图。

植物材料表绘制要点：植物材料表可与种植平面图合一，也可单列；列出乔木的名称、规格（干径、高度、冠径、地径）、数量，宜采用株数或种植密度；列出灌木、竹类、地被、草坪等的名称、规格（高度、蓬径），其深度需满足施工的需要；对有特殊要求的植物应在备注栏加以说明；必要时，标注植物拉丁文名称。

（4）园路、地坪和景观小品设计图：包括施工图设计说明和设计图纸。施工图设计说明可注于图上。内容包括设计依据、设计要求、引用通用图集及对施工的要求。单项施工图纸的比例要求不限，以表达清晰为主。

图纸设计要点：施工详图的常用比例1:10、1:20、1:50、1:100；单项施工图设计应包括平、立、剖面图等。标注尺寸和材料应满足施工选材和施工工艺要求；单项施工图详图设计应有放大平面、剖面图和节点大样图，标注的尺寸、材料应满足施工需求；标准段节点和通用图应诠释应用范围并加以索引标注；广场、平台设计应有场地排水、伸缩缝等节点的技术措施；园路设计应有纵坡、横坡要求及排水方向，排水措施应表达清晰，路面标高应满足连贯性的施工要求；木栈道设计应有材料保护、防腐的技术要求；台阶、踏步和栏杆设计在临空、临水状态下应满足安全高度。

（5）结构设计图：包含计算书（内部归档）、

设计说明、设计图纸。计算书是内部技术存档文件。采用计算机程序计算时，应在计算书中注明所采用的有效计算程序名称、代号、版本及编制单位，电算结果应经分析认可；采用手算的结构计算书，应绘出结构平面布置和计算简图，构件代号、尺寸、配筋与相应的图纸一致。

设计说明的主要内容：列出主要标准和法规，相应的工程地质详细勘察报告及其主要内容；图纸中标高、尺寸单位；设计 ±0.000 相当的绝对标高值；采用的设计荷载、结构抗震要求；不良地基的处理措施；说明所选用结构用材的品种、规格、型号、强度等级、钢筋种类与类别、钢筋保护层厚度、焊条规格型号等；有抗渗要求的建筑物、构筑物的混凝土说明抗渗等级，在施工期间存有上浮可能时，应提出抗浮措施；地形的堆筑要求和人工河岸的稳定措施；采用的标准构件图集，如特殊构件需作结构性能检验，应说明检验的方法与要求；施工中应遵循的施工规范和注意事项。

设计图纸包括基础平面图、结构平面图、构件详图等。基础平面图需要绘出定位轴线，基础构件的位置、尺寸、底标高、构件编号。结构平面图需要绘出定位轴线，所有结构构件的定位尺寸和构件编号；并在平面图上注明详图索引号。

构件详图包括的主要内容：扩展基础应绘出剖面及配筋，并标注尺寸、标高、基础垫层等；钢筋混凝土构件：梁、板、柱等详图应绘出标高及配筋情况、断面尺寸；预埋件应绘出平面、侧面，注明尺寸、钢材和锚筋的规格、型号、焊接要求；景观构筑物详图：如水池、挡土墙等应绘出平面、剖面及配筋，注明定位关系、尺寸、标高等；钢、木结构节点大样、连接方法、焊接要求和构件锚固；园林建筑和小品结构专业设计文件应符合建设部颁布的《建筑工程设计文件编制深度规定》的规定。

（6）给水排水设计：包括设计说明、设计图纸、主要设备表。

设计说明主要内容：设计依据简述；标高、尺寸的单位和对初步设计中某些具体内容的修改、补充情况和遗留问题的解决情况；给排水系统概况，主要的技术指标；各种管材的选择及其敷设方式；凡不能用图示表达的施工要求，均应以设计说明表述；图例，有特殊需要说明的可分别列在相关图纸上。

设计图纸包括给水排水总平面图，水泵房平面图、剖面图或系统图，水池配管及详图等。给水排水总平面图一般采用 1:300、1:500 比例绘制；

全部给水管网及附件的位置、型号和详图索引号，并注明管径、埋置深度或敷设方法；全部排水管网及构筑物的位置、型号及详图索引号。并标注检查井编号、水流坡向、井距、管径、坡度、管内底标高等；标注排水系统与市政管网的接口位置、标高、管径、水流坡向。对较复杂工程，应将给水、排水总平面图分列，简单工程可以绘在一张图上。凡由供应商提供的设备如水景、水处理设备等应由供应商提供设备施工安装图，设计单位加以确定。

主要设备材料表需列出主要设备、器具、仪表及管道附件配件的名称、型号、规格（参数）、数量、材质等。

（7）电气设计：根据已批准的初步设计进行编制，内容包括设计说明、设计图纸、主要设备材料表。

设计说明主要内容：设计依据；各系统的施工要求和注意事项（包括布线和设备安装等）；设备订货要求；本工程选用的标准图图集编号；图例。

设计图纸包括电气干线总平面图（仅大型工程出此图）、电气照明总平面图、配电系统图（用单线图绘制）等。

电气干线总平面图绘制要点：图纸一般采用 1:500、1:1000 的比例绘制；子项名称或编号；变配电所、配电箱位置、编号，高低压干线走向，标出回路编号；说明电源电压、进线方向、线路结构和敷设方式。

电气照明总平面图绘制要点：图纸一般采用 1:300、1:500 的比例绘制；照明配电箱及路灯、庭园灯、草坪灯、投光灯及其他灯具的位置；说明路灯、庭园灯、草坪灯及其他灯的控制方式及地点；特殊灯具和配电（控制）箱的安装详图。配电系统图绘制要点：标出电源进线总设备容量、计算电流、配电箱编号、型号及容量；注明开关、熔断器、导线型号规格、保护管管径和敷设方法；标明各回路用电设备名称、设备容量和相序等；园林景观工程中的建筑物电气设计深度应符合建设部颁布的《建筑工程设计文件编制深度规定》的规定。

主要设备材料表内容：包括高低压开关柜、配电箱、电缆及桥架、灯具、插座、开关等，应标明型号规格、数量，简单的材料如导线、保护管等可不列。

### 3. 工程预算

施工图阶段需要提交工程预算书。预算文件组成内容应包含封面、扉页、预算编制说明、总预算书（或综合预算书）、单位工程预算书等。

预算编制说明主要内容包括：编制依据——现行的国家有关工程建设和造价管理的法律法规和方针政策；能满足编制设计预算的各专业经过校审并签字的设计图纸、文字说明等资料；主管部门颁布的现行建筑、园林、安装、市政、水利、房修等工程的预算定额（包括补充定额）、费用定额和有关费用规定的文件；现行的主要建筑安装材料、植物材料、预制构配件等价格；建设场地的自然条件和施工条件。

编制说明：明确项目范围、面积或长度等指标，明确预算费用中不包含的内容；说明使用的预算定额、费用定额及材料价格的依据；其他必要说明的问题。

预算书主要内容：单位工程预算书应由费率表、预算子目表、工料补差明细表、主要材料表等组成；按各专业设计的施工图、地质资料、场地自然条件和施工条件，计算工程量；根据主管部门颁布的现行各类定额、费用标准及规定进行编制；由各单位工程预算书汇总成总预算书（或综合预算书）。

**4. 后期设计服务阶段**

后期设计服务包括配合施工、参加工程验收和工程总结等工作。

配合施工和参加验收一般参与以下各项工作：图纸会审、技术交底；设计洽商和设计变更；设计技术咨询；参加隐蔽工程和阶段性验收；工程竣工验收。工程总结主要是参与工程竣工后的总结工作。

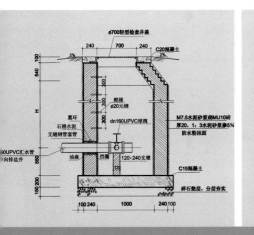

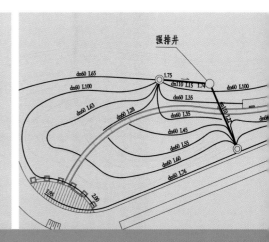

# 第三章

# 盐碱土
# 改良工程设计

园林工程设计内容十分广泛，涉及市政工程、建筑工程、给排水工程、电气工程等多个专业。滨海盐碱地多具有排水不畅、地下水位高、地下水矿化度高、土壤盐分易溶于水等特点，他们对植物的生长、对景观建筑、对设施设备等均会产生一定的影响。因此，滨海盐碱地园林工程设计的首要任务是改善滨海盐渍土生态环境，确保相关工程能在特定环境中安全有效。

盐碱土改良利用，首先应掌握综合治理的原则。在园林设计中不能采取一般的单一的措施方法，必须采取物理的、化学的和生物的综合技术措施。在利用盐渍土、改良盐渍土壤实施绿化综合措施中，基本的原则是"抬、排、改、管"的综合方法。以排为主，排抬结合，排水是基础，立足于排水降低地下水位，控制地下水在允许深度以下，使土壤毛细管水上升的前缘稳定在根层以下，避免盐分对根系的伤害。抬高地面是保证植物根系不受地下水侵害的最直接方法，与地形起伏相结合，形成丰富的园林景观空间。盐渍土土壤瘠薄，物理结构不良，肥力不高，通过科学施肥和种植绿肥，能有效地改良盐渍土的物理、化学性状，增加土壤团粒结构可达15%，土壤有机质增加0.5%，提高土壤肥力。同时针对不同植物对土壤的要求，采取局部土壤掺拌山皮沙、河沙等措施，改善土壤性能。管理贯穿在工程施工过程和后期绿化养护的全过程，除涉及非盐碱地园林绿化的内容外，还涉及水盐动态监测、水盐平衡、土壤脱盐控盐、植物适生技术等更多内容。其次要掌握因地制宜原则。根据盐碱土的类型、地下水位的深度、周边排水条件等因素，确定具体的改良措施。第三要掌握治防结合的原则。盐碱地绿化是"一分种、九分管"，在盐碱地治理过程中，通常在短期均能取得一定绿化效果，但随着条件的改变，尤其是改良后期放松养管，导致土壤再度盐碱化。

本章结合天津滨海盐碱地改良工程设计实践，重点介绍排盐工程设计、竖向工程设计、土壤改良工程设计。

# 第一节　排水排盐工程设计

滨海盐碱土含有较多的盐碱是其产生危害的主要原因，因此排除土壤中多余的盐碱是改良治理的关键。排盐工程设计的主要方法有明沟排水、暗管排水、铺设隔淋层、暗管与隔淋层相结合等。

## 一、明沟排水

明沟排水系统需要开挖各级排水沟，沟渠断面设计根据明沟布置密度和排水量来确定，沟深一般稍低于地下水临界深度。重点部位明沟设计，可以兼顾一定的景观性，如变直线沟渠为自然弯曲沟渠，沟渠驳岸可采取置石、栽植植物等措施进行装点（图3-1、3-2）。明沟排水系统优点是排水量大，工艺简单；缺点是占地面积大，景观效果较差，应用区域有限，常用于景观要求不高、面积较大的绿地，如防护林、苗圃等。

## 二、暗管排水

暗管排水系统就是在地下适宜深度平面上，按照一定的间距科学合理地铺设管道，形成具有一定落差的、相互联系的排水管网设施系统。通过暗管渗透排水功能，排除含盐的地下水，控制地下水位升高，同时又利用灌溉和降水将上层土壤中的盐分逐步淋洗而渗入暗管排出。这是一项连续的良性排水系统，是滨海地区园林绿化中改良重盐碱地普遍采用的一项技术。暗管排盐其目标是实现1m厚的土体全盐量控制在0.3%以下，并消除表土盐斑。根据治理目标，暗管排盐工程设计标准：10年一遇1日最大暴雨强度（147mm/d）时，地面无积水，地下水回升至地表；2日内回降到100cm左右，保证植物存活。暗管排水系统具有排水、排盐、调控地下水位等多种功效。它的优点是：快速降低地下水位，排水、排盐效果显著；效果持续稳定，管理方便；占地少、节约土地；施工简单，成本低。

### 1. 暗管排盐设计的主要技术参数

（1）地下水临界深度设计采用允许深度为1.3m。

（2）地下排水模数为0.06m³/s/km²，相当于5.18mm/d。

（3）土壤渗透系数 $K$=0.3cm/s。

### 2. 暗管排盐的系统模式

暗管排盐的系统模式按照排盐管道不同功能和组合方式，可分为一级暗管排水模式、两级暗管排水模式、多级暗管排水模式和混合排水模式等4种。

（1）一级暗管排水模式：一级暗管排水模式通常是指集水管将收集到的咸水直接排向现状沟渠或市政雨水系统的排水方式（图3-1）。选择此种排水模式前，必须充分了解现状排水条件是否满足设计要求，如雨水口、收水井的位置是否合适，管底标高是否满足设计要求的最低标高；现状沟渠的排水是否畅通，其常水位和最高水位是否满足设计排水要求。这种排水模式优点是排水便捷，施工工艺简单；其缺点是与工程之外的市政设施联系点较多，受其条件制约也较多。通常在临近城市道路或沟渠水体的小规模绿地、带状绿地的设计中，采用一级暗管排水模式。

（2）两级暗管排水模式：两级暗管排水模式通常是指排水管（干管）将各集水管（支管）收集到的咸水，排向市政雨水系统的排水方式（图3-2）。集水管与排水管垂直正交或人字斜交相连，构成一个排水单元，若干个排水单元，构成绿地的排盐系统。这种排水模式优点是绿地暗管排水自成单元，与市政排水系统联系点相对较少；其缺点是对市政排水系统的标高要求较高，如果市政排水布管时，没有预留绿化排盐系统接入点，可能导致绿化施工中破路、顶管等工程发生，增加了工程难度。设计师在采用两级暗管排水模式前，需要了解排水干管排水去向，确保市政排水设施满足设计标高要求。在天津滨海新区园林绿地设计中，两级暗管排水模式应用较为普遍。

（3）多级排水模式：当两级排水模式不能满足地下排水需要时，往往采取多级排水模式。多级排水模式是将排水干管汇集的咸水集中收集到集水井中，通过人工操作择时排放或通过电子控制，由水泵自动提升排放。在沿海地区，当海水涨潮时，市政排水管道往往会出现海水倒灌现象，如果绿地排盐系统直接与市政雨水井相连，海水就会导入，导致绿化种植土直接被海水浸泡而盐渍化，对植物生长造成威胁。在设计中，需要采用多级排水方式，增设必要的排水阀门井和管道（图3-3、3-4、3-5），择时排出咸水，同时防止海水倒灌。当绿地周边市政排水系统不能满足设计要求，也需要

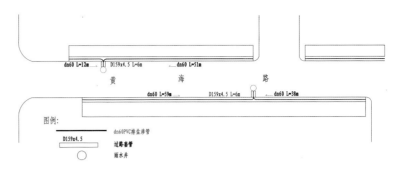

图3-1 道路行道树排盐管道布置平面图

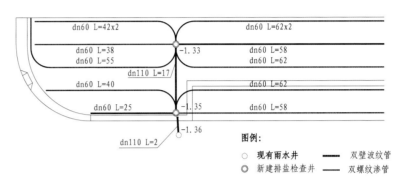

图3-2 两级排盐管道布置平面图

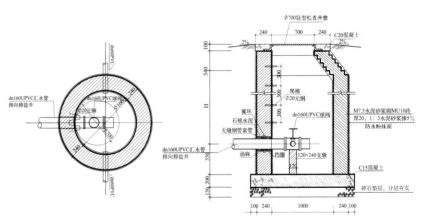

图3-3 排盐阀门井平面图剖面图

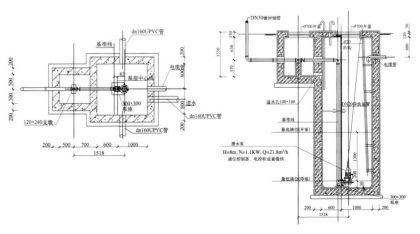

图3-4 排盐强排井平面图剖面图

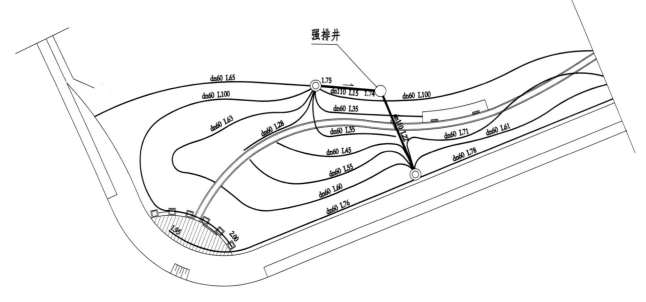

图 3-5　多级排盐管布置平面图

增设强排井及深水泵等设施，及时将暗管中的咸水排出。

（4）混合排水模式：在具体绿化设计项目中，一种排盐暗管布局形式不能满足实际需要，往往需要几种排盐形式配合使用，即混合排盐模式。一般来说，混合排盐模式多用在城市建设用地的边缘，或新开发地区，其近期市政排水设施还不完善。

（5）其他排水模式：在滨海盐碱地绿化建设实践中，也采用了其他一些排水排盐模式，如支管成方格网布置模式、盲沟与排盐渗管相结合布置模式、沙柱与盲沟相结合布置模式等，这些排水模式，主要是在排水材料上有所不同，而在本质上没有什么不同，都是在实现排水排盐的目的。

① 支管成方格网布置模式：支管相互垂直，水平间距 6～10m，两个方向排列，支管可处于不同的平面上。这种模式主要用于重盐碱地段，排水排盐强度较大的绿地（图 3-6）。

② 盲沟与排盐渗管相结合布置模式：填满滤料（骨料）的盲沟，代替排盐渗管，将盐水排到排盐干管。这种做法可以节省部分工程造价，但排水速度不如铺设排盐渗管快（图 3-7）。

③ 沙柱与盲沟相结合布置模式：根据土壤和植物情况，在绿地中打下孔眼，孔眼中灌满沙子，这些空洞在土壤下面与 10cm 厚的石屑垫层相连，盐水通过沙柱和石屑垫层流向垫层下的盲沟，排向集水井排出。这种模式一般用于原土改良，但改良周期较长，施工有一定难度（图 3-8、3-9）。

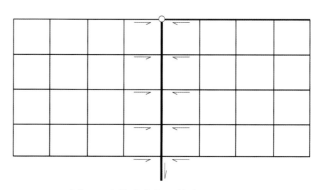

图 3-6　支管成方格网状布置平面图

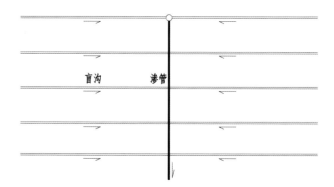

图 3-7　盲沟与盲管相结合布置平面图

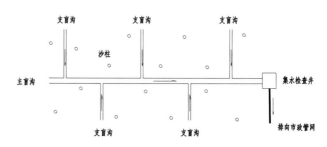

图 3-8　盲沟与沙柱相结合布置平面图

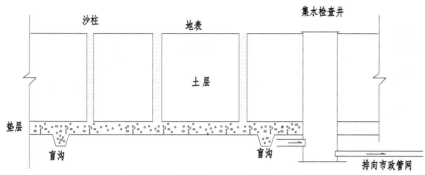

图 3-9 盲沟与沙柱相结合布置剖面图

### 3. 暗管埋深与间距

集水管的埋深与间距是暗管排盐设计的关键。埋深与间距是相互制约的统一体。其影响因素很复杂，埋深与间距和气候、土质、植物种类、盐渍化程度、施工技术及排水系统布局等多种因子密切相关，因此埋深与间距并非固定不变，设计者需要深入现场，掌握相关资料，确定一种合理的组合模式。

（1）集水管埋深：一般是根据植物防渍标准和潜水允许深度来确定，并以此不同深度为基准，选择较优的间距组合。植物防渍是首先需要满足的，它与植物正常生长的根系生长空间密切相关。根据计算和实践经验，认为滨海地区特殊的自然条件下，集水管以浅埋为宜；天津滨海地区园林、绿化暗管最小埋深为 1m，最大埋深为 1.5m。

（2）集水管间距：确定暗管间距的主要依据是理论计算和实践经验。但是由于滨海自然条件特殊，影响暗管间距的因素很多，公式计算参数变化很大，计算结果不很精确。在设计时，应以当地实践经验和实验成果为主。结合理论计算公式，综合分析来确定间距。天津开发区集水管埋深和间距的经验值（表3-1）可供参考。

### 4. 暗管水力计算

排水暗管水力计算指的是暗管内水力状态，即用暗管坡降、暗管管径和暗管糙率来计算。

（1）暗管坡降：选用暗管坡降时，应使管内满足不冲不淤的要求，允许的最小流速约为 0.3m/s，最大流速为 2.0m/s。如管线长、地面坡度平缓、水井位高，宜选用较小的坡降；反之，可选用较大坡降，一级集水管为 0.1%～0.2%，二级排水管为 0.05%～0.1%。

（2）暗管管径：暗管管径按照水力计算来确定。为保证排水，暗管充盈度，一级水管末端宜取 60～80mm，二级排水管宜取 80～100mm。如果管径过小、泥沙容易沉淀，加上根系深入等原因，极易堵塞。天津滨海地区绿化设计中，集水管管径常选用 60mm 的管材，排水干管管径常选用 150mm、200mm 的管材。

（3）暗管糙率：通常指阻力程度，不同的管材阻力程度不同，如混凝土管或无沙混凝土管的糙率为 0.014；光壁塑料管的糙率为 0.011；波纹塑料管的糙率为 0.016。

### 5. 管材与裹滤料

排水系统中的管材主要是集水管和排水管使用的材料，集水管多用无沙水泥滤水管和波纹塑料渗水管，二者长度与内径不同。由于波纹塑料具有轻便、弯曲自由灵活以及施工方便等优点。在滨海盐碱地绿化工程中，应用更为广泛。排水管多采用承接口混凝土管和双壁螺纹塑料管两种，前者抗压能力强，常用在对压力有特殊要求的地面下，后者管长、轻便，在不需要特殊抗压要求的地下使用。

裹滤料是围绕在集水管周围的滤筛布或丙纶丝，滤筛布是由玻璃纤维布包裹水管而成，丙纶丝通常直接缠绕在波纹塑料渗水管的外壁，它们周围还需要填充 10～20cm 厚的河沙、炉渣、贝壳沙等与盐土层起隔离作用。裹滤料的主要用途是：①防止泥沙进入暗管；②增大集水管的进水量，减少渗流阻抗，增大有效进水面积；③在水管的下方起坐垫作用等。排水管仅在衔接处做滤层。

### 6. 附属构筑物

附属构筑物包括检查井（连接井）、集水井、强排井等，他们与排盐管连接，构成完整的排水系统。

（1）检查井：是连接排盐管道，主要用于管道的检查、沉沙清淤、冲洗、通气、观测等，又称为连接井。

（2）集水井：将排盐暗管流出的水收集起来，通过自流排向市政雨水管道。集水井布置在排盐暗管的末端。

表 3-1 天津经济技术开发区暗管埋深与间距经验值

| | 集水管埋深（m） | 集水管间距（m） | 比值（间距/埋深） |
| --- | --- | --- | --- |
| 草坪地被区 | 0.6～0.8 | 6～8 | 10 |
| 灌木区 | 1.0～1.2 | 7～9 | 7～7.5 |
| 乔木区 | 1.2～1.5 | 8～10 | 6.7 |
| 乔灌木混栽区 | 1.0～1.5 | 6～10 | 6～6.7 |

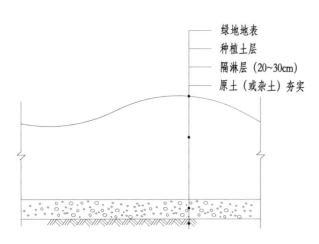

图 3-10 排盐隔淋层剖面图

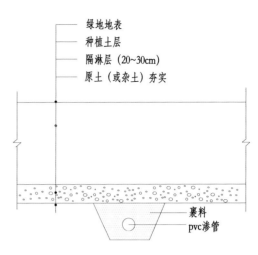

图 3-11 暗管与排盐隔淋层相结合铺设剖面图

（3）强排井：当排水条件不具备时，通常需要把集水井加大加深，形成强排井。强排井依靠电力或风力提水排水。电力提水设 5cm（2 英寸）潜水电泵 2 台（电机容量 2.2kW），扬程 3 ~ 5m。在没有电力的情况下，移动式柴油发电机发电提水是较好的选择。风力提水采用风车提水，其启动风速为 0.3m/s，提水流量为 10 ~ 30m³/h，扬程 3m。

### 三、铺设隔淋层

隔淋层铺设在上层种植土与下层土壤之间，因其物理空隙较大，一定程度上可以切断土壤毛管作用，阻止地下水上升，防止土壤盐渍化（图 3-10）。

常用材料：炉渣、建筑沙、净石屑、碎树皮、秸秆等。

铺设深度：草坪地被 40 ~ 60cm；灌木 60 ~ 80cm；乔木 100 ~ 130cm。

铺设厚度：20 ~ 30cm。

铺设要点：地层夯实整平；必要时可在隔淋层下先铺设化纤编织材料。

适用范围：地势相对较高的中度盐碱地区；常与排水暗管结合起来使用排水隔离效果更好。

### 四、暗管与隔淋层相结合

暗管与隔淋层相结合是滨海滩涂排盐改土绿化工程设计中广泛采用的技术措施。这种技术把暗管排水排盐和隔淋层结合起来，因地制宜地加

以应用，排水速度和脱盐速度较快，能有效控制地下水位，克服短期积盐，缩短了绿化周期。其主要原理和具体工艺与暗管排盐排水和隔淋层基本相同（图 3-11）。

## 第二节　竖向工程设计

在滨海盐碱地区城市园林工程竖向设计时，首先应了解项目用地及周边用地的地势、地表排水、地下水位等情况，通过综合分析比较确定地形是否必须抬高。天津泰达地处渤海之滨、地势低平，地下水位高，土壤受海水盐渍，通常地下咸水埋深在 0.5 ~ 1m 之内，并且矿化度高出海水矿化度 2 倍以上，因此土壤易于积盐，土壤含盐量在 1m 土体内高达 4% ~ 7%，为确保植物根系层不受地下咸水的伤害，采用的方法主要是客土抬高地面。客土抬高地面，主要考虑以下几个问题。

**1. 植物根系与种植土厚度的关系**

滨海盐碱地城市园林设计中，抬高地面不仅仅是地形造景或组织地表排水的需要，而是为满足植物正常生长的要求。抬高地面的园林植物生长所必需的最小种植土层厚度应大于植物主要根系分布深度。不同类群植物的根系形态及根系分布的深度、宽度和生长发育状况又都有自己的特点。具体设计时，通常按照植被类型，确定工程中不同区域最小种植土厚度（表 3-2）。

表 3-2 园林植物主要根系分布深度（单位：cm）

| 植被类型 | 草本花卉 | 地被植物 | 小灌木 | 大灌木 | 浅根乔木 | 深根乔木 |
|---|---|---|---|---|---|---|
| 分布深度 | 30 | 35 | 45 | 60 | 90 | 200 |

### 2. 地面高程与地下潜水埋深

潜水（underground water）埋藏在地表以下第一稳定隔水层之上，具有自由表面的重力水。潜水的自由表面称潜水面，潜水面的绝对标高称为潜水位，潜水面距地面的距离称为潜水埋藏深度，即地下水埋深。潜水埋藏深度及含水层厚度，有季节变化。多雨季节，补给量较多，因而含水层厚度增大，埋藏深度变浅；干旱季节则相反。地面高程与地下潜水埋深之间呈极显著指数函数关系，即潜水埋深随地面的降低而变浅，埋深愈浅，土壤脱盐愈困难而积盐愈容易。地下水位高，矿化度大是土壤盐渍化的根源，其规律是地下水位越浅，矿化度越高，土壤盐碱越严重。一般潜水埋深大于 1.5m 称深埋潜水，小于 1m 为浅埋潜水。根据天津滨海新区绿化设计的经验，地下潜水的理想深度大于 1.8m 时比较安全，这对浅埋潜水深度来说，实现起来较为困难。经实践，地下潜水允许深度为 1.3m，也可以收到良好效果。

一般而言，地下水位越高，则根系的平均长度会越短。因此考虑深根乔木土层厚度时，如果条件不允许达到理想值，也可以适当降低种植土层厚度。

### 3. 地形设计与土胎

景观设计师常常把地面抬高与地形设计有效地结合起来，在地面抬高处理时，综合考虑地表排水、景观效果等因素，从而形成优美舒适的地形。滨海盐碱地绿化工程地形设计时，通常利用现状原土或其他建筑废渣等，在种植土层下面，按照地形设计要求，填垫到一定标高，形成土胎。其目的是减少种植土工程量，节约资源，降低成本（图 3-12）。

### 4. 客土材料来源

绿化用土要求熟土。客土材料通常取自农用耕作层土，即用种植土作为客土来抬高地面。将大量的农田肥沃土壤用作客土，仅仅是应急的短期行为，不可能持久。因为我国人口众多，耕地不足，毁农田填海滩，这是"挖肉补疮"的办法，是不可取的。唯一的办法是寻找新的客土资源。近 20 多年来，天津滨海新区利用粉煤灰、碱渣和海底淤泥等废弃物经过恰当处理后能代替农田良土而成为园林、绿化的新的客土资源，同时也为废渣的利用和处理开辟了新的途径。

粉煤灰是发电厂排放的废渣，包括煤燃烧后排放出的粉尘和炉渣。如果管理不善，就会成为重大的污染源，对环境的危害十分严重。煤经过高温燃烧后的残渣，呈蜂窝状结构。粉煤灰中不含有机质，无氮、缺磷（仅 0.04%），钾仅有 0.69%，相当于一般土壤的中等水平。但粉煤灰含有植物生长所必需的微量元素，如铜、锰、铁、锌、硼等。使用粉煤灰作为园林、绿化种植土，一般在表层覆盖薄层种植土，起到压灰作用，再施以工程改土和耕作措施后即可种植植物，效果良好。

碱渣是工厂生产碱过程中排放的废渣（碱渣石），长期堆积存放，对环境污染十分严重。

在碱渣中掺入 10% 左右的粉煤灰，3%～5% 的水泥，机械混合后即成为碱渣工程土。碱渣工程土具有低的含水率、低压缩性、高承载力、高渗透系数、脱水快的特点，可以作为绿化用土的垫积层。碱渣化学成分主要以 $CaCO_3$ 为主，其次为可溶性盐 $CaCl_2$、$NaCl$ 等及部分金属氧化物，pH10～11。通过低位真空预压加固技术处理，使碱渣在排放固结中流失可溶性盐，不稳定的 $Ca(OH)_2$ 转化为稳定的 $CaCO_3$；碱渣总盐分含量大大降低，含水量降至 70% 左右，可见碱渣作为绿化客土材料其物理化学性能是可能的。碱渣的用量一般为 0.3m 厚，或以碱渣工程土与海泥按一定比例混合，在天然降雨与人工灌溉相结合的作用下，土壤盐分降至 1% 左右，再经改土工程和耕作措施，两年后，土壤基本脱盐，含盐量降至 0.15%～0.25%，酸碱度 pH 值下降至 8 以下，许多植物能够正常生长。

海泥又称海湾泥或海底淤泥，它是河流、岸流携带的泥沙入海后，沉降沉积于河口和近岸海湾而形成的黏粒淤泥。经对海泥化学成分分析，认为海泥完全具备种植土基质条件。主要问题是尽快使淤泥固结疏干。传统上采用"吹填造陆"技术，但干涸时间较长，约需 5～6 年。通常为缩短疏干时间，采用"低位真空加固吹填"技术，约 6 个月左右淤泥就可干涸。

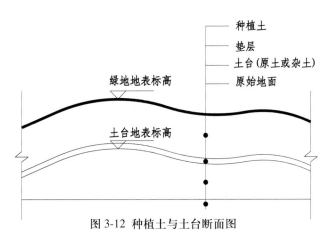

图 3-12 种植土与土台断面图

## 第三节　土壤改良工程设计

盐渍土土壤瘠薄，物理结构不良，肥力不高，通过有效的改土措施和科学施肥，有效地改良盐渍土的物理、化学性状，增加土壤团粒结构，增加土壤有机质含量，提高土壤肥力。滨海盐碱地园林设计时，必须重视改土施肥技术措施，为盐碱地城市绿化创造良好的立地条件。

### 一、种植土的理化指标

现状土壤的物理化学指标须满足下列规定时，才可以直接改良为种植土。

①土壤含盐量 ≤ 0.3%；②土壤 pH ≤ 8.5；③土壤的渗透系数 ≥ $1 \times 10^{-4}$ cm/s。

在具体设计时，需对现状土壤进行化验。在土壤深度为 30cm、60cm、90cm 处，取土化验，掌握土壤主要物理化学指标，根据土壤的相关指标，确定不同的土壤具体改良措施。

在天津滨海新区园林绿化设计中，针对土壤中全含盐量、pH 值不同，设计了不同的改土措施，在实践中取得了较好的成效（表3-3）。

### 二、增施肥料

#### 1. 盐碱土特点

（1）含盐多、碱性大。

（2）缺乏养分，有机质和氮素含量低，有效磷缺乏。

（3）春季地温低。

（4）土壤微生物活性差。

（5）土壤板结，通透性不良。

上述土壤特点危害了植物生长，也直接阻碍了植物正常生长发育。

#### 2. 施肥作用

培肥土壤是盐碱土改良的重要环节，增施的肥料主要是有机肥和化肥。施肥作用如下。

（1）增强土壤的通透性，有利于升温，提高土壤的洗盐和脱盐效果。

（2）增加土壤微生物量、酶的活性及多种有机酸的含量，提高难溶性盐的溶解度和氮、磷等营养元素的有效性，中和碱土的碱性。

（3）有机质有较强的吸附力和逐渐的矿质化，起到缓冲土壤中盐分和养分的作用。

（4）有机肥能促进植物根系发育和树木生长，

表 3-3　天津滨海地区园林绿化设计的改土措施

| 序号 | 全盐含量（%） | pH 值 | 改土措施 | 备注 |
|---|---|---|---|---|
| 1 | 全盐含量 ≤ 0.4%（中、轻度） | < 8.5 | ①原土改良，以松土、农艺培肥为主<br>②浅密式暗管排盐，全盐含量轻度时，可不设排盐垫层 | |
| | | ≥ 8.5 | ①原土改良，在松土、农艺培肥改良的同时，利用化学改良剂，加强治碱效果<br>②浅密式暗管排盐，全盐含量轻度，且地下水位符合植物生长要求时，可不设排盐垫层 | |
| 2 | 0.4% < 全盐含量 ≤ 0.6%（重度） | < 8.5 | ①原土改良，以松土、农艺培肥为主<br>②采用浅密式暗管排盐工艺<br>③局部换土，达到"空间换时间"目的。采用符合要求的种植土或全盐含量轻度的客土，替换树穴、表层土等局部区域。主要用于树穴状行道树或简易绿地等种植形式 | |
| | | ≥ 8.5 | ①原土改良，在松土、农艺培肥改良的同时，利用化学改良剂，加强治碱效果<br>②采用浅密式暗管排盐工艺<br>③局部换土，达到"空间换时间"目的。采用符合要求的种植土或全盐含量轻度的客土，替换树穴、表层土等局部区域。主要用于树穴状行道树或简易绿地等种植形式，如果是防护林带，可采取条状换土 | |
| 3 | 全盐含量 > 0.6%（盐土） | 8.0 < pH < 9.0 | ①原土改良 + 浅密式暗管排盐 + 耐盐碱植物<br>　一般适用非重点地段，或近期景观效果要求不高的地段<br>②换置客土 + 浅密式暗管排盐<br>　适用重点地段，或近期景观效果要求较高的地段 | |
| 4 | 全盐含量 > 2.0%（吹填土） | 8.0 < pH < 9.0 | ①吹填土、海砂、炉渣或电石渣等粗骨性材料按照合理比例掺拌<br>②浅密式暗管排盐工艺<br>③淡水或微盐水（0.1% ~ 0.3%）强灌脱盐<br>④采用化学改良剂和农艺培肥措施，加强改良力度 | |

提高耐盐能力。

### 3. 施肥技术要求

在选用肥料时，应注重肥料的质量，把握施用数量和时机。具体要求如下。

（1）改土施肥宜粗细结合。粗有机类肥有机质含量高，使用量可大，对改善土壤物理性状和隔盐有积极作用，如树木枯枝落叶、秸秆类等；精细有机肥符合国家部门行业标准，改土综合效果较好，一般在定植穴内集中施用。

（2）盐碱地区应避免施用碱性化学肥料，以中性和酸性肥为好。

（3）磷肥宜集中施用在植物根系附近。

### 4. 肥料资源

（1）有机肥料：通常把含有较多有机质、来源于动植物有机残体、禽畜粪便及城市垃圾污泥等废弃物加工制成的肥料，统称有机肥。①利用禽畜粪便加工的有机肥料：禽畜粪便数量较多，含有丰富有机质和植物所需要的各种营养元素。禽畜粪便必须经过高温发酵，充分腐熟，达到国家行业标准（NY525-2002）要求。主要质量指标：颜色为褐色或灰褐色，无机械杂质，无刺激性臭味或其他不良气味；以干基计，有机质含量不低于30%，总养分（N+P$_2$O$_5$+K$_2$O）含量不低于4%，水分（游离水）含量不高于20%，pH 值 5.5 ~ 8.0；蛔虫卵死亡率和大肠杆菌值指标应符合国家标准 GB8172 的要求。②利用作物秸秆加工的有机肥料：秸秆种类多，资源丰富，含有大量粗有机物、有机碳和植物生长所需要的大量元素和微量元素。秸秆堆肥施用量宜根据土壤用途决定，一般为 6 ~ 10kg/m$^2$。③利用城市垃圾、污泥加工的有机肥：生活污泥有机肥是在生活污泥中加入调理剂（如粉煤灰、作物秸秆、醋渣等），经过高温发酵并经干燥筛分后制成。由于生活污泥有机肥中含有少量重金属，不宜在生活水源附近或地下水较高的绿地中使用。一般施用量以 2 ~ 4 kg/m$^2$ 为宜。生活垃圾经筛选后有50%可利用制成生活垃圾有机肥，这种肥料粒度粗、养分含量低，但重金属含量不超标，适宜用于黏重土壤改善物理性状。一般施用量为 7 ~ 10kg/m$^2$。④利用园林植物的枯枝落叶加工的有机肥料：按照森林土壤的物质循环原理，植物枯枝落叶通过人工形式，以生物转化形式回归土壤，实现植物土壤系统营养物质的封闭循环。⑤腐殖酸肥料：腐殖酸肥料是一种含腐殖酸类物质的新型肥料，也是一种多功能的肥料。它是以泥炭、褐煤、风化煤等富含腐殖酸物质为主原料，加入一定量的氮、磷、

钾或某些微量元素配制而成，如腐殖酸铵、腐殖酸纳、腐殖酸钾、腐殖酸氮磷钾复合肥等。腐殖酸类肥料是一种具有改良土壤物理化学性状、增加土壤肥力和植物养分的优质有机肥，最适合盐碱地、黏重土和有机质缺乏的土壤上施用。

（2）化学肥料：化学肥料简称化肥，一般不含有机成分并具有矿质盐类性质。化肥具有养分含量高、肥效快、便于运输和施用方便等特点。常用化学肥料品种有：氮肥、磷肥、钾肥、复合肥料、微量元素肥料等。

（3）有机无机复混肥料：有机无机复混肥料是以有机肥为主要原料，掺入氮磷钾无机肥料混配而成。它具有长效性和速效性，适用于园林土壤改土培肥，更适合于矮生灌木及草坪使用。

### 5. 施肥方法

（1）土壤施肥：土壤施肥方法有：环状施肥法、放射状施肥法、穴状施肥法、垂直施肥法等。

（2）根外施肥：根外施肥也叫叶面施肥，简单易行，用量小。可及时补充园林植物急缺的养分，避免某些营养元素在土壤中的化学和生物固定作用。叶面施肥不能代替土壤施肥。

## 三、添加化学改良剂

盐碱土进行改良的设计中，常选用化学改良剂进行改良。化学改良剂主要有：钙质改良剂、酸类物质改良剂、有机类物质改良剂、有机无机复合改良剂及土壤结构改良剂等。

### 1. 钙质改良剂

钙质改良剂是可溶性钙盐类，如：氯化钙（CaCl$_2$·2H$_2$O）、石膏（CaSO$_4$·2H$_2$O）、亚硫酸钙（CaSO$_3$·2H$_2$O）等。

钙质改良剂的改良作用：

（1）利用钙离子代换出土壤胶体中的钠离子，降低土壤碱化度。

（2）钙作为电解质可以改善钠质土在冲洗改良期间水的传导度，从而增加黏质土的渗透性，提高脱盐效果。

在盐碱地绿化设计中，因为石膏（磷石膏或脱硫石膏）原料充足，成本比氯化钙低，溶解度比石灰石高，应用较广。

### 2. 酸类物质改良剂

酸类物质改良剂大多来源于工业副产品或废渣，如硫酸、硫酸亚铁、硫酸铝、硫黄、石灰硫黄等。酸类物质改良剂的改良作用：

（1）酸性物质中的氢离子置换交换钠离子，

降低土壤碱化度。

（2）中和土壤中游离的苏打，适用于碳酸盐土壤。

酸类物质改良剂的施用方法和施用量要灵活掌握，或稀释、或混合均匀、或碾细，避免局部土壤的酸性环境，影响植物根系的生长。

### 3. 有机类物质改良剂

有机类物质改良剂大多是天然形成的有机物质和工业副产品，如泥炭、风化煤、糠醛渣等。有机类物质改良剂的改良作用为：

（1）中和土壤中游离的碱，降低土壤碱化度。

（2）利用大量有机物质，与土粒形成团粒结构，增加空隙度，提高通透性，大大提高淋盐效果。

（3）提高土壤肥力。

有机类物质改良剂施用量要结合盐碱土的盐碱程度确定。天津滨海新区盐碱地绿化设计中，施用量控制在 2 ～ 3kg/m$^2$。

### 4. 有机无机复合改良剂

有机无机复合改良剂是利用天然的有机物质和无害的工农业废弃物等加工而成的一种复合改良剂。它通过有机物和无机物的协同作用，改良和修复盐碱土壤。虽然目前尚未大规模应用，但也是一类具有综合效应的且具有发展前景的改良剂。

### 5. 土壤结构改良剂

（1）人工合成

土壤结构改良剂是模拟天然团粒胶结剂的分子结构和性质所合成的高分子聚合物。如聚乙烯醇（PVA）、聚丙烯酰胺（PAM）、沥青浮剂（ASP）、聚丙烯腈等。

土壤结构改良剂的改良作用：

①具有较强的粘结力，减小土壤容重，增加孔隙度，大大提高淋盐效果。

②提高土壤蓄水保水能力，提高地温，抑制土壤蒸发和还盐。

③改良效果持久，可维持 3 ～ 5 年。

（2）天然土壤结构改良剂

如多聚糖类、纤维素类、木质素类等。

## 四、土壤掺拌改良设计

在具体的改土措施设计中，往往为兼顾近期和远期效果，采取大面积改土施肥和树穴局部换土的技术方案。不同地区配比材料不同，下面以天津滨海新区绿化设计为例。

### 1. 大面积种植土掺拌

种植土由客土、河沙、牛粪、草炭土等材料按照适当配比掺拌均匀。具体要求如下。

（1）客土含盐量≤ 0.3%，pH ≤ 8.5，大于 3cm 的土块不超过 5%、最大土块不超过 6cm。

（2）河沙含盐量≤ 0.1%，pH ≤ 8.5，95% 的粒径在 0.01 ～ 2mm。

（3）牛粪应完全腐熟、无恶臭、无杂质，符合 GB7959-1987，含水量≤ 25%，有机质含量≥ 35%，pH ≤ 8.0，大于 3cm 块状物或植物残渣不超过 5%。

（4）草炭土应无杂质，含水量≤ 50%，有机质含量≥ 40%，腐殖酸含量≥ 15%，pH ≤ 6.5，大于 3cm 块状物或植物残渣不超过 5%。

### 2. 树穴种植土掺拌

不同植物树穴种植土配比不同，具体指标要求：

（1）落叶乔木树穴种植土配比：客土：河沙：牛粪：草炭土（体积比）=3:1:1:0.5；含盐量≤ 0.3%，pH ≤ 8.3，有机质含量≥ 2.1%。

（2）常绿乔木树穴种植土配比：客土：河沙：牛粪：草炭土（体积比）=2.5:1:0.5:1；含盐量≤ 0.28%，PH ≤ 8.0，有机质含量≥ 2.3%。

（3）灌木树穴（带、沟）种植土配比：客土：河沙：牛粪：草炭土（体积比）=2.5:1:0.5:1；含盐量≤ 0.28%，pH ≤ 8.0，有机质含量≥ 2.3%。

（4）地被花卉种植土配比：客土：河沙：牛粪：草炭土（体积比）=2.5:1:0.5:1；含盐量≤ 0.28%，pH ≤ 8.0，有机质含量≥ 2.3%。

（5）草坪种植土配比：客土：河沙：牛粪：草炭土（体积比）=3:1:1:0.5；含盐量≤ 0.3%，pH ≤ 8.3，有机质含量≥ 2.1%。

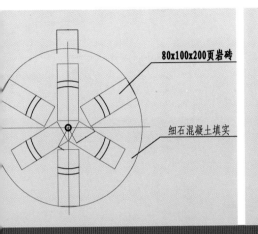

80x100x200页岩砖

细石混凝土填实

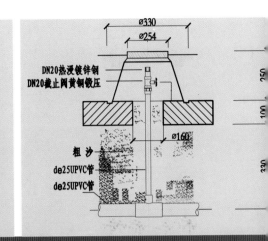

Ø330
Ø254
DN20热浸镀锌钢
DN20截止阀黄铜锻压
250
100
Ø160
粗沙
de25UPVC管
de25UPVC管
330

# 第四章

# 给水工程设计

水对植物的重要性不言而喻，它是植物的组成部分；水是养分元素和微量元素运送的载体。调节植物体内水分可以调节植物的体温。滨海地区绿地灌溉给水设计，应综合考虑以下几方面要求。

第一，满足植物正常生长所需水分要求。植物正常生长所需水分主要是指植物蒸腾量和植物棵间土壤蒸发量，也称植物耗水量，影响植物耗水量的因素有气象条件（温度、日照、湿度及风速等）、土壤类别、含水状况、植物种类及生长阶段等。

第二，满足灌溉洗盐的要求。滨海盐碱地区土壤含盐量较高，淡水可以溶解土壤盐分、淋洗排盐、降低土壤含盐量和淡化地下水。因此灌溉是改良盐渍土的重要方法。淋洗排盐主要依靠天然降水和灌溉给水来洗盐，并通过配套工程保证淋洗的盐分及时排除。如铺设排盐管、挖排水沟、铺设垫层等。

第三，节约用水，减少水资源的消耗。我国城市绿地面积的增长速度接近于国民经济的增长幅度，与此同时，园林绿地的用水量也呈现较大幅度的上涨，而园林绿地的用水还主要依靠城市自来水系统维持，每年需消耗大量的水资源；一些不科学的灌溉方式，往往导致水资源的过量流失与浪费。因此，节约用水，减少水资源的消耗是园林设计必须考虑的问题。

# 第一节  绿化给水量计算

### 1. 影响用水量的因素

（1）植物需水量：灌溉设计日耗水强度取作物最大需水量。天津植物需水量可从《中国主要农作物需水量等值线图研究》中查出，由天津各月日平均值可知，月日平均最大需水量 $ET$ 为 5.5mm/d，出现在 6 月；月日平均最小需水量 $ET$ 为 0.5mm/d，出现在 1 月下旬。

（2）损耗水量：灌溉的水量损失由输水损失、地面流失、深层渗漏等因素造成，按照《灌溉工程技术规范》（GBJ 85-85），风速低于 3.4m/s 时，灌溉有效利用系数为 0.8～0.9。

（3）其他用水量：主要包括定根水、冻水、返浆水及淡水洗盐等用水量。

### 2. 灌溉周期

灌溉周期（$T$）为两次灌水之间的时间间隔，不同地区灌溉周期不同，可以参考本地相关标准。根据《天津城市园林绿化养护管理标准》，天津地

区植物生长一年灌溉时间为 200 天，不同类型植物最小灌溉次数不同（详见表 4-1）。

根据年最少灌溉次数可以算出植物的最大灌水周期 $T_{max}$：

$$T_{max}=200/N$$

最大灌水周期（即灌溉周期不能大于该值，见表 4-2）。

灌溉设计中，灌水周期一般取最小灌水周期，最小灌水周期还须考虑当地极端气象条件下的灌水需求。所以灌溉设计应以最不利天气条件下的最小灌水周期 $T_{min}$ 为计算基础。不同地区的最不利气候条件可参考当地相关资料或绿地养护标准。根据实际灌溉经验，最不利的情况下，天津滨海地区园林绿地最小灌水周期见表 4-3。

### 3. 设计灌水定额

灌水定额（$M$）为一次灌水的最大值，其计算公式：$M=t \times et/ \P$

表 4-1  不同类型植物最小灌溉次数

| 类别 | 最少灌溉次数（$N$） |
| --- | --- |
| 乔木 | 15 |
| 灌木 | 15 |
| 绿篱 | 10 |
| 一二年生草花 | 15 |
| 宿根花卉 | 20 |
| 草坪（冷季型） | 26 |

表 4-2  园林植物最大灌水周期

| 类别 | 最大灌水周期（$T_{max}/d$） |
| --- | --- |
| 乔木 | 13 |
| 灌木 | 13 |
| 绿篱 | 20 |
| 一二年生草花 | 13 |
| 宿根花卉 | 10 |
| 草坪（冷季型） | 8 |
| 草坪（暖季型） | 13 |

表 4-3  园林植物最小灌水周期

| 类别 | 最小灌水周期（$T_{min}/d$） |
| --- | --- |
| 乔木 | 10 |
| 灌木 | 5 |
| 绿篱 | 5 |
| 一二年生草花 | 5 |
| 宿根花卉 | 5 |
| 草坪（冷季型） | 1 |
| 草坪（暖季型） | 1 |

表 4-4 灌水周期

| 灌水器型号 | 灌水器组合喷灌强度（p/mm/h） | 设计灌水定额（m/mm） | 灌水周期（T/d） | 布置间距〔a×b〕/m | 喷头的设计流量（q/m/h） | 一次灌水延续时间（t/min） |
|---|---|---|---|---|---|---|
| PGP Ultra PGH-ADV（草坪区域） | 21 | 6.5 | 1 | 14×14 | 1.18 | 18.5 |
| PGP Ultra PGH-ADV（有乔木的草坪区域） | 10 | 6.5 | 1 | 8.6×10 | 1.18 | 39 |
| PROS-MP3000 | 11 | 6.5 | 1 | 7.7×8.1 | 0.825 | 35.5 |

式中：$M$—设计灌水定额，$mm$；

$\quad\quad T$—灌水周期，取最小灌水周期（见表4-3）；

$\quad\quad ET$—植物需水量，取 $ET=5.5mm/d$；

$\quad\quad \P$—灌水有效利用系数，喷灌取 0.85。

草坪灌水定额 $M=1×5.5/0.85=6.5$ mm；

灌木灌水定额 $M=5×5.5/0.85=32.5$ mm；

乔木灌水定额 $M=10×5.5/0.85=65$ mm。

**4. 一次灌水延续时间（以喷灌形式为例）**

一次灌水延续时间为一次灌溉需要时间，由灌水定额和灌水器的灌溉强度确定。

（1）草坪灌溉一次灌水延续时间的计算：草坪区为灌溉最为频繁的种植区域，计算时，应该根据喷头的组合喷灌强度、灌溉定额，计算出单个喷头的工作时间，计算公式如下：

$$t=60\ m/p$$

式中：$t$—灌水时间，min；

$\quad\quad m$—设计灌水定额，mm；

$\quad\quad p$—灌水器组合喷灌强度，mm/h，可从设备参数中查取。

根据上面计算方法，可以计算出不同灌水器的一次灌水延续时间，结果见表4-4。

（2）乔木灌溉一次灌水延续时间的计算：乔木一次灌水总量计算。乔木主根系层深为1.5m，根系水平面积为 3 m²，根据乔木灌水定额 $m=65mm$，可以计算出单棵树一次总灌水量 $Q=65×3=195$ L。

每棵树的灌溉流量 $q=72×2=144$ L/h。

乔木灌溉一次灌水延续时间 $t=195/144=1.35$ h $=81$ min。

# 第二节 绿地给水形式

天津滨海地区园林绿地灌溉给水的形式通常可分为两类，即传统浇灌方式和现代园林喷灌方式。

**1. 传统浇灌方式**

（1）传统浇灌方式：① 水车拉水，大水漫灌法；② 管网输水，人拉皮管大水漫灌法；③ 管网输水，手动、地上摇臂喷头法。

（2）传统园林喷灌方式优缺点：① 优点：初期投资的成本低，而且管理难度小；② 缺点：水的浪费非常严重，使用效率低下；灌水要么过量，要么不足，很难满足植物要求；植物会生长不良；运行费用高，以后人工费只会有越来越高；劳动强度大，而且效率低；大多影响景观效果，影响管理作业，带来不便。

（3）传统浇灌方式设计的技术要点：① 为方便养护工人操作，浇灌井间距不宜超过50m，以40m为宜；一般浇灌井立管管径为De25或De32，防护林带或苗木较多的大面积绿地中浇灌井立管管径应加大，一般为De32或De50（图4-1、4-2）；② 浇灌井立管不宜直接从给水干管上引出，为便于维修宜从给水支管上引出；③ 滨海盐碱地区绿化给水管宜采用UPVC材质，不但满足相关标准要求，也避免盐碱地土壤对镀锌钢管产生腐蚀

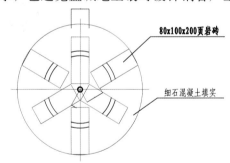

图 4-1 浇灌井平面示意图

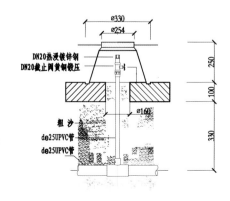

图 4-2 浇灌井断面示意图

的影响；④北方寒冻地区绿化给水系统设计中，管道铺设需要预设坡降，并增设泄水阀门井，便于冬季排空管道中的滞水，防止管道胀裂。

### 2. 现代园林喷灌方式

（1）现代园林喷灌方式有2种。①喷灌：喷灌主要应用于草坪，以大流量出水喷头为喷水器，全面积喷灌。②微灌：微灌主要应用于树木、绿篱、灌木和花卉等，以小流量为特点，常用微喷头、滴头、滴箭等局部灌水。

（2）现代园林喷灌方式有优点也有缺点。①优点：灌水效率高，水的利用率高，节水节能；可充分满足植物需水，为植物健康生长提供保障；大部分设备埋藏地下，不喷灌时不影响景观效果及管理工作；可高度自动化，劳动强度低；运行成本低等。②缺点：初期投资高，管理技术含量高。

### 3. 园林喷灌设计

（1）喷灌设计原则：①满足植物需水量与节约用水的原则。灌溉的目的是以满足植物需水为主，根据不同的情况选择不同射程和流量的喷头。②因地制宜，科学合理的布置原则。运动场，选用运动场专业设备，充分考虑运动员的安全，比如带有厚橡胶盖的I-60以及还有草杯盖的I-90等；控制器选型应当考虑是否能满足比赛、场地维护要求，比如可以选择室内型控制器，诸如SRC或者XC，在体育场室内即可控制灌溉；公园及街头绿地，选用具有防盗功能、旋转角度记忆功能的喷头，比如PGP-Ultra，滴灌带、管应当埋入地下；地上铺设时要考虑与景观的协调，控制器可以根据地形条件来选择，比如路边绿化带就可以选择WVS无线控制系统，比较大型的公园和场地可以选择ICC等，搭配ET传感器，效果更好；庭院灌溉要选用价格低廉、操作简单的设备，比如可以选择球阀阀门来手动控制。③服务景观，美化第一的原则。喷灌设备、控制阀门、泵房及其他附属设备均不得妨碍景观效果。草坪喷头必须是地埋的，泵房应建在不妨碍景观的隐蔽处。

（2）喷灌系统的组成：喷灌系统主要包括水源、水泵、过滤设备、控制系统、安全保护设备、管网输水系统、喷水设备、地埋自动喷头。其中水源是喷灌系统的基础和前提，控制系统是喷灌系统的核心，安全保护设备是喷灌系统的保障。①水源——主要有自来水、原水（河、湖水）、井水、中水等。自来水：不需要过滤，水质优良，但随着城市水费上涨，将逐渐被其他水源代替；原水（河、湖水）：水质差，必须过滤，将被大量采用；井水：

水质的优良不定，一般需要过滤，受市政管理限制一般不能随便打井；中水：城市污水处理水，达到灌溉标准尚需时日，但是一个比较明朗的发展方向。②控制系统——按照控制形式可分为3种，分别是：手动控制、无线控制和有线控制。几种形式都可以大幅度提高水的利用效率，节约淡水资源，为国家和地区可持续发展创造条件。其中，手动控制系统主要的控制设备是手动闸阀，常用球阀、蝶阀和闸阀等，是通过工人去手动开启或者关闭阀门来控制轮灌区的灌溉。其灌溉制度：灌水时间（什么时候灌溉），灌溉延续时间（灌溉多长时间），灌溉周期（间隔多长时间灌溉一次）均由人工确定。合理与否，取决于管理人员的知识和经验。手动喷灌与皮管人工灌溉相比较，它的喷灌灌水均匀，易于集中控制，可以提高20%～30%的利用率。其缺点是：对气候变化的反应性比较差，对水资源的利用率仍比较低，不能更精确的为植物提供所需的水量。

无线控制系统和有线控制系统均属于自动控制系统，其控制过程无需手动参与。由自动气象站、流量传感器、温度传感器、雨量传感器、风力传感器、ET智能传感器等来反馈植物生长各种环境信息给中央计算机，计算机通过计算、判断，经过公式来编制灌溉制度，通过控制器来实施灌溉。无线控制和有线控制的主要区别是：无线控制系统无需铺设电缆，其采用的是遥控器和接收器来控制轮灌区，而接收器是安装在电磁阀上的。具体选用无线控制还是有线控制，需视具体情况确定，例如道路绿化带的喷灌控制，建议使用无线控制系统，避免了有线系统所需的电缆线，利于控制系统成本。

无线控制系统（图4-3），可以在控制器上选择编制灌溉制度，包括灌溉起始时间，灌溉延续时间，灌溉具体日期等。是要根据经验来手动编程，

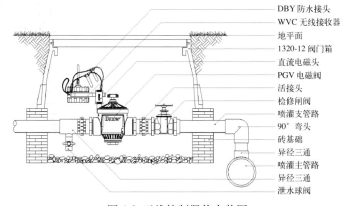

DBY 防水接头
WVC 无线接收器
地平面
1320-12 阀门箱
直流电磁头
PGV 电磁阀
活接头
检修闸阀
喷灌支管路
90°弯头
砖基础
异径三通
喷灌主管路
异径三通
泄水球阀

图 4-3　无线控制器的安装图

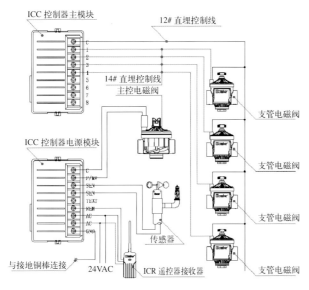

图 4-4 有线控制系统的安装图

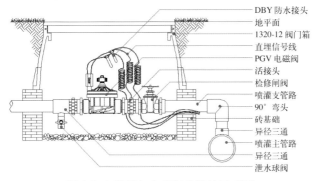

图 4-5 电缆线与电磁阀的连接示意图

系统就会定时或者定量来精确供水，这样可以大大提高水资源的利用率，而且也可以用手动遥控器来开启或者关闭系统，随意性增大。无线控制系统的优点就是便于安装，而且不会为日后维修再去寻找地埋电缆而苦恼，方便使用。缺点是在使用过程时可能会受到信号干扰而影响正常操作。

有线控制系统即是通过电缆线将控制器和控制每个轮灌区的电磁阀连接起来，通过控制器的编程系统来控制灌溉周期等灌溉制度（图 4-4、4-5）。控制器分为室内型和室外型，固定在一个地点，可以根据轮灌区的多少即站点的多少来选择控制器型号。而随着站点有可能变化，可以通过增加模块来调整，Hunter 公司的新产品 PCC 正是针对这一点设计的，既控制了成本而且能方便地选择实际中所需要的站点数。有线控制器同样也可以编制灌溉起始时间、延续时间、起始日期等程序。如果需要遥控操作控制器的话，还可以配置诸如 ROAM 漫步者这样的遥控器，把接收器连接在控制器上，就可以遥控操作它。有线控制系统的优点是信号稳定，地埋电缆传输信号很有

保障。但缺点是成本较高，铜线的价格一直上涨，如果日后需要维修的话，挖掘电缆线比较费事。

自动控制系统与手动控制相比较，其优点：更可以满足植物需水，改善植物生长质量；可大量节省水费，在现今水费大幅度上涨的情况下，显得更为重要，比较手动控制可以节水 20%～30%；可以大量节省灌溉管理劳务费；实施智能化管理，精准灌溉，精准施肥；确保灌溉系统安全运行。其缺点：要求管理人员的高素质；初期投资略高，但如果系统大，与手动控制系统比较的话，单位面积额外投资一般不会超过 10%。

自动控制系统可以配置传感器，包括风力传感器、雨量传感器等，其中 ET 智能传感器是一个集大成者，包括了 ET 即植物蒸发蒸腾量、空气湿度、温度、风速和紫外线强度等。其通过收集和记录以上这些数据，然后根据公式计算，自动编制当天的喷灌制度并通过控制器来实施此制度。其优点：根据现场气候条件计算蒸发蒸腾量，自动生成科学的灌溉程序并下载到控制器中，做到最标准最准确；节约水资源和成本，仅提供植物所需的水分，相比较没有使用 ET 的自动控制系统，可以节水 30%；有防凋萎保护技术，在极端条件下植物受到缺水威胁时，能够提供紧急的保护性灌水；通过真正的站点级数据库确定适当的灌水，蒸发蒸腾量与各轮灌区的植物、土壤、太阳辐射和喷头等数据结合，确定科学的灌水程序；在断电时，也会保留程序和站点信息。其缺点：成本较高。专业公司正在推出比较经济的新产品，如：Hunter 公司的新产品 Solar Sync，是一个小 ET 智能传感器，其基本功能是相同，成本却节约了很多（图 4-6、4-7、4-8）。

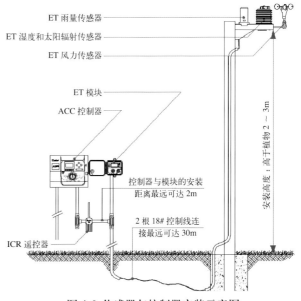

图 4-6 传感器与控制器安装示意图

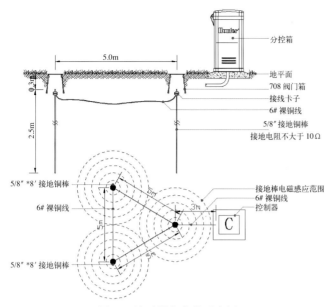

图 4-7 避雷设备安装示意图

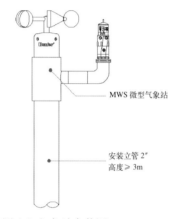

图 4-8 气象站安装图

（3）喷灌设计基本步骤和注意事项：①划分喷灌区域。拿到图纸时，在确定好比例尺以及喷灌区域后，要对图纸进行图面规划，即是把需要做喷灌的地方分割成若干区域，这些区域必须尽可能使大的矩形或者正方形。②决定设计水量。一般根据图中给出的水源为基准，没有水源的话，一般出口为 90 或者 110 的管道就可以，如果遇到很大的图纸，再做决定。③选择喷头类型。根据所分割区域的大小来决定使用多大射程的喷头，喷头分为散射喷头和旋转喷头。一般散射喷头的射程一般较小，为 3～5m，旋转喷头的射程可以达到 15m。散射喷头和旋转喷头不能发在同一个阀门控制的区域内。④喷头放置的位置。一般喷头的间距是 0.8～1.2 倍的该喷头的射程，比如一个射程为 10m 的喷头，其间距最小为 8m，最大为 12m，否则将影响喷洒的均匀度。放置喷头的步骤大致为：先放角落，接着在边界处放置，将区域周界布置好喷头后再在中间放置喷头，最后保证区域内都被喷灌的范围覆

盖，没有盲点。一般放置喷头的方法有两种：三角形和正方形（图 4-9、4-10）。⑤标示阀门区。一般需要喷灌的区域都比较大，不可能同时让其工作喷洒（客户特殊要求除外），所以一般都需要分阀门区。一般是根据流量分区，即是 20m³/h（20 方水），一般 63 管道即 2″ 的阀门来控制一个有 20 方水的区域，50 管道即 1 1/2″ 的阀门来控制一个 10 方水左右的区域。就可以根据此依据来划分阀门区，并选择阀门的型号。⑥管路的布置。分好区域以后，就可以分别来布置管道，将喷头连接起来，这里的管道成为支管道，将一个区域内的所有喷头连接起来后，在通过一个支管连接到该区的阀门上，所有的阀门区都连接好后，再用主管道把每个区域的阀门连接起来，如果一张图纸里已经给出了主管的走向，就通过管道把主管和每个阀区的阀门连接起来。管道的管径是通过喷头的流量总和确定的，50 和 63 的管道上面已经介绍了，而 32 管道带动 4m³ 左右的水。管路应该尽量是直线，而且尽量少转弯或者改变方向，这样可以减少水头损失，从而使得喷灌效果更好；电磁阀的位置尽量放在喷灌区域的边上；管路的布置一般分为"丰"字形或者"而"字形（图 4-11）。

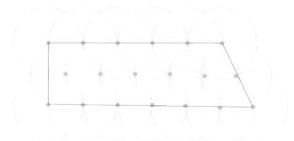

图 4-9 三角形放置

图 4-10 正方形放置

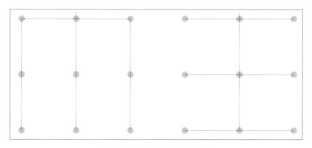

图 4-11 管路布置形式

# 第五章

# 土建工程设计

土建工程是指一切和水、土及建筑文化有关的基础建设，包括计划、建造和维修。一般的土建工程项目包括：房屋工程、道路工程、水务工程、渠务工程、防洪工程和交通功能等。过去曾经将所有非军事用途的民用工程项目均归类入土建，随着工程科学的发展，一些原来属于土建工程范围的项目内容均已经独立成科。目前，园林工程中的土建工程尚没有统一划分，一般认为园林建设中涉及的山水工程、道路桥梁工程、园林建筑工程、园林小型建筑设施与小品工程等，都属于土建工程。

土建工程一般与土壤、地下水、大气等环境因素直接接触，并受其影响。因此，土建工程设计采取的技术措施因地而异。本章以盐碱地区为例，结合园林设计中所涉及的山水工程、道路桥梁工程、园林建筑工程、园林小型建筑设施与小品工程等实践介绍说明。

# 第一节　山水工程

山水工程是通过改造地形，搭建山水骨架，创造园林意境的工程，是竖向设计的重要内容。例如城市垃圾堆山、绿化地形改造、挖湖堆山、修建景观河道等。地形设计分为陆地和水体两部分。

## 一、陆地及地形

### 1. 陆地类型

陆地分为平地、坡地、山地、假山置石四类。

（1）平地：多为比较平坦地形，有很少的微地形起伏都称作平地。平地用于绿化要找出雨水径流坡度（排水方向）。一般坡度为 0.5%～3%，不能积水。按地面材料分为土草平地、沙石平地、绿化平地、铺装地面和农田苗圃果园（图5-1）。

（2）坡地：指有稳定倾斜的边坡，土壤自然倾

①泰丰公园平地地形　②梅江公园平地地形

图 5-1　平地

图 5-2　①泰丰公园缓坡地形　　图 5-3　①新加坡植物园中坡地形　　图 5-4　①天津东丽湖陡坡地形

　　　　②上海辰山植物园缓坡地形　　　　　②北京朝阳公园中坡地形　　　　　②天津华夏未来公园陡坡地形

图 5-5 天津南萃屏公园　　图 5-6 天津滨海新区紫云公园　　图 5-7 天津塘沽森林公园　　图 5-8 天津大港望海山临潮
　　（垃圾堆山）　　　　　　　（碱渣堆山）　　　　　　　　（挖湖堆山）　　　　　　湖公园（挖湖堆山）

斜角(安息角)、坡地倾斜角分为缓坡 8%～10%(图 5-2)，中坡 10%～20%(图 5-3)，陡坡 20%～40%(图 5-4) 3 种。坡地地形要自然流畅，脉络清晰，排水方向明确，最好保持水土不流失。例如：滨海盐碱地绿化设计施工中常采用此类地形，主要用于抬高地面，相对降低种植土区域的地下水位，利于植物生长。在滨海盐碱土绿化中起到很好的效果。坡地还丰富了园林竖向景观层次。

（3）山地：要有一定的高度，坡度一般较陡，为 40%～50%，包括自然山地和人工堆山叠石。按照山体结构或材料可分为土山、石山、土石混合山，如城市中垃圾堆山（图 5-5）、碱渣堆山（图 5-6）、人工景观堆山（图 5-7，5-8）等。城市中垃圾堆山所产生的渗透在最初几年会对空气、土壤和地下水造成污染，所以垃圾发电是最好的处理方法。山地工程要做到稳定安全，坡度要适合人的攀登和植被生长，坡度一般控制在 30～40 度。同时要重视土壤的理化指标，堆砌沉淀时间和山地基础施工技术，使山地尽快绿起来，成为城市一处公园景点。

（4）假山和置石：假山是以造景游览为目的，以土石为材料人工雕琢堆砌（图 5-9，5-10）。置石是以山石为材料作独立或附属性的造景布置，置石一般体量较小且造型独特。按假山的构成材料分为土山、石山和土石相间山。置石分为特置、散置和群置。假山工程是竖向设计中自然山水地形的骨架，是园林造景组织空间的重要手段。置石可选用有独特造型的天然石材作为园林小品点缀在园林绿地和庭院建筑中。天然石有湖石（太湖石、房山石）、灵璧石、宣石、黄石、青石、石笋（白果笋、乌炭笋、慧剑、钟乳石笋）、河床石等。叠石要师法自然，要求达到"虽由人作，宛自天开"的艺术境界。山石的纹理和质感要求清晰美观，堆砌不要过碎和零乱，叠石造型和尺度要与周围环境融为一体，有画龙点睛之妙。

**2. 地形改造设计施工要点**

（1）土方工程要求具有足够的稳定性和密实度，工程质量和艺术造型都要符合设计的要求。同时在施工中要遵守有关施工技术规范要求，以保证工程的稳定和持久。

（2）土方工程中土壤的理化指标要符合施工要求。①土壤的容重：单位体积内天然状况的土壤容重（$kg/m^3$）。土壤容重的大小影响工程质量和进度。②土壤的自然倾斜角（安息角）：土壤自然堆积，经过下沉稳定后的表面与地平面夹角就是土壤的自然倾斜角，以 $\propto$ 表示。在土方工程中挖方和填方都要有稳定的坡角。③土壤含水量：土壤的含水量是土壤空隙中的水重和土壤颗粒重的比例。干土含水量为 5%，潮土含水量在 30% 以内，含水量大于 30% 称湿土，潮土易于施工。④土壤的相对密实度：它是用来表示土壤填实后的密实指标，一般采用机械碾压夯实，其密实度要达到 95%，人工夯实度在 87% 左右。⑤土壤的可松性：指土壤经挖掘后，其原有紧密结构受破坏，土体松散体积增加。这一性质对土方工程量的计算和统计有很大关系。土方理化指标的好坏会直接影响土方工程质量、土方工程的进度和采取的技术措施。

（3）做好土方施工前的准备工作。在园林土建工程中，土方施工是竖向设计中一项很重要的

图 5-9 天津大港人工石砌筑望海山　　图 5-10 天津水上公园天然石砌筑眺望楼

工作，做好准备工作和组织工作不仅应先行，而且要细致周全。首先熟悉图纸制定施工计划，其次是清理现场铺设工作面，再就是垫土排水开辟机械工作道、平整场地定点放线，最后是机械土方施工。

（4）力求土方平衡，减少土方的填挖方施工，减少外购种植客土量和垫杂土量。这样做有利于节约土地资源，减少对农田的破坏，保护生态环境，同时可降低工程成本。

（5）有效利用土壤资源，改良滨海盐碱土壤变废为宝。例如：天津泰达园林建设有限公司的盐碱地改良技术，科学治理改造滨海新区盐碱土壤，变为绿化种植土壤。

（6）北方平原地区做人工堆山，尽可能采用挖湖堆山或废物堆山，山的坡度和土层深度要利于树木的生长。绿化地形起伏要利于雨水向土层中渗透，减少雨水沿地表流入雨水井白白浪费掉，

因为北方比较缺水，很好地利用天然水源是今后需要重视的。山地地形尽量做到有利于保持土壤水分，淋润土壤盐碱，节约城市用水。

（7）堆山砌石工程要尽量做到就地取材，山体骨架少用或不用农田土和外地石材。堆山砌石要做到稳定、坚固、安全、美观和方便施工。堆山砌石还要给植物留出生活的空间。

（8）平地和微起伏地形种植土层要求表面平整，要对种植土进行压实或浇大水"渡槽"处理。土壤理化指标要能满足植物的良好生长要求（土壤条件不达标，植物生长不良影响绿化效果）。必要时要对种植土进行土壤改造。

（9）滨海盐碱土绿化除平整土地还要抬高地面，改造盐碱土壤。例如：抬高地面做微地形可相对降低地下水位，天津滨海地区绿地标高一般设在4.2m以上，这样有利于做排盐碱工程增加种

①毛白杨林　②大法桐　③大叶女贞　④大西府海棠　⑤大雪松　⑥大紫叶桃　⑦紫叶小檗球　⑧海棠果　⑨金银木　⑩锦熟黄杨球

图5-11 天津泰达园林建筑公司庭园部分绿化树木

植土厚度相对降低地下水位。改造盐碱土措施有铺设排盐层（淋盐碱层）、修筑排水渠、采用沙壤土大水浇灌、增施有机肥料和土壤改良肥等技术，可比较有效地改良滨海盐碱土壤，给园林植物创造良好的生长环境。如滨海新区（原天津开发区）泰达园林建设有限公司院内，平地土壤改良后每年由本单位专业绿化队伍养护管理，植物生长势非常好，树木枝繁叶茂（图5-11）。

## 二、水体及地形

水体是园林造景的重要因素之一，水景工程的挖掘修筑驳岸工程量较大，造价较高，故园林的理水要结合现有地形地貌统筹考虑，利用好现有的水塘、湖泊、沟渠及低洼沼泽湿地来打造水体。水体设计施工要做到保护利用好水的资源，在满足景观需求条件下力求做到土方平衡，降低工程造价。水体工程还要兼顾地质条件、水位的变化、水源地的利用。同时对防冻胀技术、水体的渗漏情况、驳岸结构型式、水质的清洁处理、防洪蓄水等诸多因素统筹考虑。

**1. 水体**

（1）水源的种类：天津地区是一个缺水城市，全年的平均降水量为550～680mm。城市水源主要是雨水、河湖蓄水、外省市调水、地下水以及海水淡化。保护利用好城市水资源，节约用水推广节水技术是今后的重要工作。城市节约用水和城市污水处理的再利用目前在推广，其中用海水淡化、雨水收集等节水措施尽快普及尤为重要，也是节能减排科技环保的发展方向。

（2）水位：水体上表的高程称水位。水位分为常水位、高水位和低水位。由于自然天气和生产

①水生美人蕉　②芦苇和睡莲　③千屈菜　④上海辰山植物园水口水在流动　⑤上海世博园错台落差的水流动
⑥上海世博园水系养鱼清洁水体　⑦日本芦之湖中养鱼清洁水体　⑧天津梅江蓝水园水体净化设施

图5-12　水体净化措施实例

生活的影响水位便会产生变化。应在标准地段设水位尺，水位尺要坚固耐用刻度准确(5cm为单位)，在较大水域可设立数字化监控系统。

（3）流速和流量：流速是单位时间内水流的速度。流速过小水体容易被污染，流速过大容易破坏驳岸，流速单位为m/s。流量是在一定的水流断面上单位时间内流过的水量。流量＝过水断面积×流速。流速和流量多设在水流变化较大的河流、水渠、湖泊、水库等地段。测量公式如下：

$$各浮标所得水面流速 = \frac{浮标在上下断面间流行的距离 (m)}{浮标流行历时 (s)}$$

$$平均流速 = 各浮标水面流速总和 \div 浮标总数$$

（4）水的深度和防止水的渗漏技术：水深一般根据水景要求来设定，亲水驳岸、亲水平台周边水深一般0.6～0.9m。水生植物区域水深一般在0.6～1.2m，划船水域水深1.2～2.5m，养鱼水域水深1.5～5m左右，蓄水库水深5m以上。浅水湿地区域水深不能少于0.6～1m。为防止水的渗漏和被地下盐碱水污染可采用池底铺20～30cm黏土或沙质黏土后压实，必要时可做防渗工程。

（5）净化水体：一般在水体面积较大，有适当的水深（2m左右），水体流动，水中适量种植水生植物和放养草鱼的水体水质会较好（图5-12）。出现水体经常不流动，生长大量水草和藻类，水

①上海辰山植物园自然草坡驳岸　②天津空港物流加工区生态护坡驳岸　③梅江南公园大沙砾驳岸　④上海辰山植物园木桩驳岸
⑤天津长虹虹公园湖石驳岸　⑥天津长虹虹公园毛石驳岸　⑦天津长虹公园条石驳岸　⑧滨海西区水渠混凝土砖驳岸

图5-13　各类驳岸

质颜色变绿或蓝绿色发臭，经检测水质降到5级以下则称水被污染（水中缺氧，产生富氧化）。为防止水的富氧化，最好办法是让水体流动起来（冲氧），"流水不腐"就是这个道理。水体冲氧也可采用重力流或水泵提升的方法来解决水不流动。水质保持措施有以下措施：①补充新水（补充雨水和河渠水）；②循环（喷泉增氧落水充氧）；③生态护坡（缓坡带绿化栏栽控污种水生植物，设人工浮岛）；④适量放养草鱼和水禽；⑤种植水生植物（植物光合作用）；⑥定期打捞水中杂物。这些措施对改善水质有很好的净化功效。

（6）设置水系区域管理数字化系统来定时监控水质，必要时采取措施保护改善水源。例如：重力流动，定时清淤，雨污分离，补充新水，清洁河道和绿化美化水源地等都是净化水体有效措施。

**2. 驳岸**

（1）驳岸类型：在园林水景开辟水面要求有稳定的水岸，防止地面被淹，维护地面的水面需一定面积比例（图5-13）。在水体边缘必须建造驳岸或护坡，否则岸边因为水的淹没、风浪的冲刷、冻胀后的塌陷以及自然的破坏，使岸边崩塌而淤积在水中。

水体驳岸分为3种形式，即自然土壤护坡、硬质护坡和生态护坡。

自然土壤护坡——水域面积较大的湖泊沼泽湿地和自然水渠多为此种土坡，特点是自然生态土壤造价较低，但坡体不稳定，易塌陷和淤积，坡体不耐风浪的冲刷。

硬质护坡——采用硬质材料砌筑，常用材料有浆砌毛石护坡、浆砌块石护坡、预制混凝土砌块护坡和嵌锁式挡土墙等。这类护坡在市区水系中最为常见，特点是坚固耐用、抗风浪冲刷、驳岸整齐美观但造型不适合园林水体景观，也不够自然，特别是人车落水不安全，施工要把水抽干后砌筑工程量较大，工程造价较高。

生态护坡——生态护坡采用做法很多，例如：生态格网材质有活枝扦插、生态混凝土砌块、植生石笼的灌层和柴笼、连锁式护坡砖、生态石笼、缓坡带绿化、散嵌大湖石等做法。这类护坡特点是施工便捷，可就地取材，成本经济。生态护坡环保结构性能很适合水生植物和小动物的生长，驳岸线型美观自然，生态环保，亲水性好。近期生态护坡在滨海新区应用较为广泛。

（2）驳岸做法与特点（图5-14）：

土基草坪护坡——土坡驳岸坡度一般在1:3～1:4坡度不要过陡。在常水位驳岸水口上下各60cm处铺设厚20～30cm沙砾或大中河床石，防止水淹没草坪或在冬季冰冻胀对驳岸的损害。这类驳岸特点是：①安全、经济、环保；②不用抽干水，施工维护也很方便；③自然生态亲水性好；④防冻

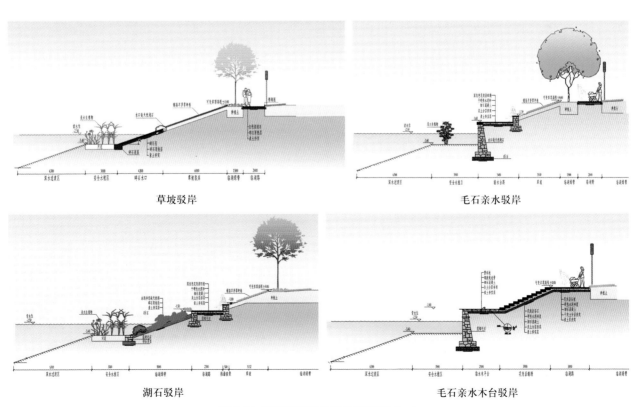

图5-14　各类驳岸结构做法工程图（一）

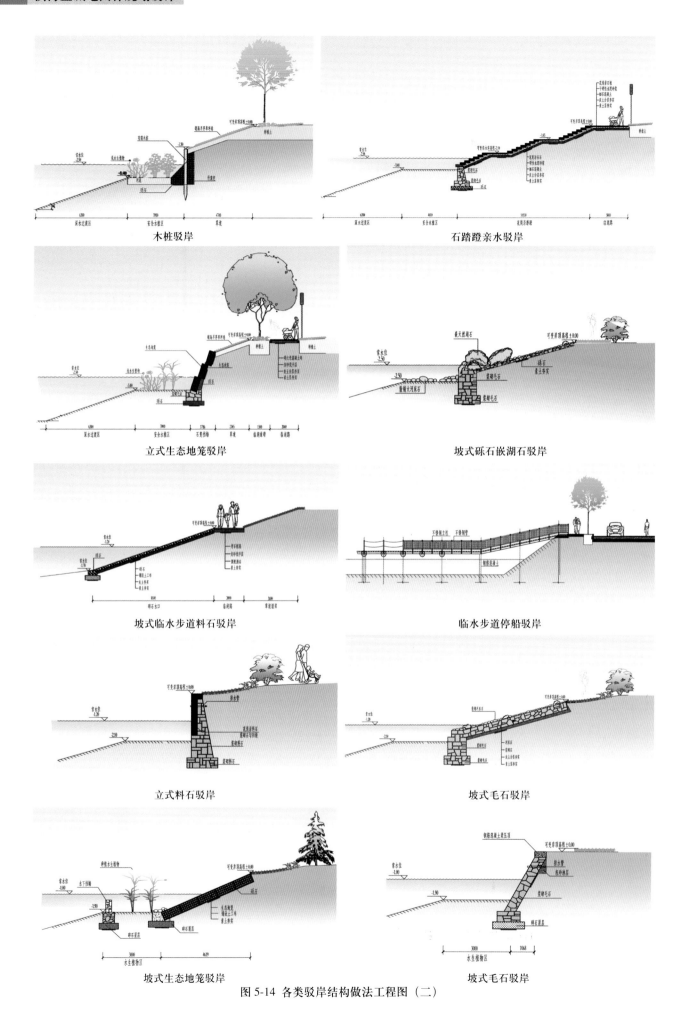

木桩驳岸

石踏蹬亲水驳岸

立式生态地笼驳岸

坡式砾石嵌湖石驳岸

坡式临水步道料石驳岸

临水步道停船驳岸

立式料石驳岸

坡式毛石驳岸

坡式生态地笼驳岸

坡式毛石驳岸

图 5-14 各类驳岸结构做法工程图（二）

胀效果好。在驳岸坡顶距离水面 2m 以上特别适合此种方法。

沙砾卵石护坡——坡度一般控制在 1:3 ~ 1:4。沙砾卵石厚 25 ~ 40cm 左右。砾石下可铺设灰土，或素土夯实，也可铺碎石屑。在坡度小于 22°、常水位高可铺设土工布，防止沙土渗漏和盐碱水污染种植土壤。这类护坡亲水性较好，对游人安全，防冻胀效果好，美观自然，容易施工，工程造价适中。沙砾卵石护坡适合驳岸人流较集中区域铺设。

自然湖石驳岸——水域较浅岸线较短的湖岸和景观效果重要节点区域可采用自然湖石驳岸。这种驳岸线不宜过长，选石和堆砌工艺技术要求高，特点是自然景观效果好，游人亲水性好，施工技术较难，工程造价较高，不宜大量使用。

毛石挡土墙驳岸——多用于自然水域河、湖、池塘、水渠、景观河道等，结构形式为重力式驳岸和后倾式驳岸两种。这类驳岸稳定性较好，坚固耐用，可抵抗墙背土压力和冰冻胀力。材料多用毛石水泥沙浆砌筑（浆砌石），北方地区使用较为普遍。特点是坚固耐用，景观亲水效果差，工程造价高，游人易滑入水中不安全。

条石驳岸——多用于小面积景观河道和自然湖面，建筑亲水护岸。结构形式为重力式驳岸，这类驳岸多设亲水平台和踏磴，工程做法多用花岗岩条石结合毛石挡土墙混砌，驳岸稳定性较好，亲水性好但工程造价高，施工技术要求高，落水后安全要考虑。

钢筋混凝土驳岸——为插板式重力驳岸，多用于较大面积河湖水渠，结构形式为用钢筋混凝土，或木桩作支墩加插入钢筋混凝土板组成，支墩靠横拉条和锚板连接来固定。特点是驳岸稳定性很好，施工快灵活，体积小造价适中，在土基比较稳定、水面较高时尤其适宜，景观效果和亲水性一般。

砾石地笼驳岸——这类驳岸为生态护坡驳岸，近几年使用较普遍，结构形式为重力式错台驳岸和后倾式驳岸。特点是施工便捷成本经济，不用大块石料，生态环保。驳岸安全稳定，动植物在石笼内可自然生长，生态性较好。缺点是地笼金属网不延年，重力式砾石容易滑落塌陷，所以采用后倾式会会较好。天津滨海新区的很多驳岸工程都在使用砾石地笼驳岸。

### 3. 水体驳岸施工要点

（1）水体要保持清洁，防止水的富氧化，防止水被污染。采取措施有：在小水域安装水体净化

①毛石脱落　②基础下沉　③~④挡土墙倾斜　⑤水口塌陷

图 5-15　处理不当的驳岸

①水浅不流动　②水质被污染　③水中水草生长过快

图 5-16　水质富氧化

装置来净化水体；在较大水域水体要流动起来，适量放养草鱼和种植水生植物来净化水体；在春秋季节水体蒸发量较大时补充新水以保持正常水位；及时疏通河道、水渠、湖泊和池塘，定时清淤泥打捞水草和漂流物，保持水的清洁。

（2）浅水区域水深不能小于 0.6m，最多不能超过 0.9m，中水区域水深 1.5m，深水区域水深 2m 以上。夏季天气炎热，浅水区域水体如果长时间不流动容易出现"富氧化"现象造成水体缺氧（图 5-16），绿苔和水草生长旺盛，水质变绿发臭。解决水体富氧化的最好办法是①控制水深 0.9m 以上；②水的流动（冲氧）；③适量栽植水生植物；④适量养些鱼苗。水的流动是很重要的措施。

（3）水体较浅、对水质有较高要求的水体最好做防渗工程，防止水体渗漏和水体盐碱化影响水质。常用方法有柔性防水和刚性防水，例如：水面较大可采用土工膜防水、卷材防水，对水体面积较小区域可采用刚性防水（铺设钢筋混凝土水池）。对地下水位较高，土壤渗漏系数小的黏土也可采用黏土层压实技术来防止渗漏。

（4）驳岸选材最好就地取材来降低运输成本，驳岸选材要坚固耐用，结构设计要方便施工。例如：选用压顶材料要防滑，最好采用粗面或毛面压顶料石，毛石墙体用水泥浆砌砌筑毛石（浆砌石），用花岗岩条石或钢筋混凝土砌筑临水踏蹬，用混凝土连锁砖砌筑坡面，用金属网装块石（石龙）砌筑生

态驳岸，利用废树桩竹篱笆砌筑生态驳岸等。

（5）亲水驳岸临水边 3～5m 处水深不得超过 0.6m，主要考虑游人落水后的安全和水生植物的种植需求。临水驳岸水深超过 1.2m 以上区域必要时加设护栏或挡墙，以保证游人安全。

（6）驳岸和护坡的施工必须放干湖水后再施工，可分段堵截逐一排空。采用灰土基础以旱季为宜，否则影响灰土的凝结。驳岸基础要稳定坚固，能支撑驳岸墙体，防止挡墙塌陷和脱落。例如采用毛石挡墙杯形基础的埋深要设在硬土层上，浆砌石中的水泥沙浆要填充饱满密实，驳岸挡土墙回填素土夯实，软基础和不排水施工时要打桩加固等技术。

（7）浆砌块石驳岸要求石块不得过小（40cm以上），料石砌得密实，缝隙尽量减少。如有大间隙要用小石块填实。灌浆务必饱满，使水泥沙浆渗进石间空隙。北方冬季施工可在水泥沙浆中添加防冻剂，使之正常凝固。浆砌石块的缝隙宽在 2～3cm，采用高标号水泥沙浆勾缝，可选用凹缝或凸缝，缝高 1cm。

（8）不渗水驳岸（浆砌块石）在常水位以上 30～50cm 处每隔 5～10m 设 Φ80mm PVC 排水孔，以排空临挡墙土壤中的积水，减少冬季冻胀的张力破坏驳岸墙体。驳岸每隔 10～20m 预留伸缩缝防止出现不均匀沉降。

（9）驳岸水口部位要作防止冬季冻胀的措施

①天津梅江河道水闸 ②湖泊水闸 ③滨海新区紫云公园湖渠水坝 ④台湾某河道海墁 ⑤护坦

图 5-17 闸坝

和技术。例如调整驳岸坡角减少冰冻所产生水平张压力对驳岸的破坏，加固水口处驳岸墙体。土坡驳岸坡脚小于 30 度在水口部位上下 60cm 处铺设 25～35cm 厚碎石块缓冲层，减少冻胀力对驳岸的破坏等技术。

### 4. 闸坝

闸坝是控制水流出入水系的设施或构筑物，主要作用是蓄水和泄水，闸坝设在水体的进水口和出水口处（图 5-17）。

水闸按作用分为进水闸、节制闸和分水闸。

进水闸——设在水体入口处，起联系水源、调节进水量的功能。

节制闸——设在水体出水处，主要控制出水流量。

分水闸——设在水系支流处，主要控制支流出水流量的情况。

水坝是蓄水和拦水设施，有土坝、石坝、橡胶坝等。园林河道水渠中水坝多设在水系的中游和下游两部分，和景观工程中的假山工程相配合，形成园林造景的一部分，如园桥、山石、亭桥等可处理成水闸的形式。

闸坝工程设计和施工必须了解地形、地质、水文、水体规划等诸多因素，充分利用现有地形因地制宜。利用水系地形来控制水体整个区域，确定闸坝位置要考虑以下条件。

（1）闸孔中轴线要与水流方向、水流速度相适应，保证水流通畅，防止泥沙沉淀和淤积。

（2）闸坝选址要避开水流急转弯处，因为水流急转弯时水流剧烈冲刷会破坏闸坝墙体和闸底基础。

（3）闸坝选址地质条件要相对稳定。土基承载力要均匀，避免发生不均匀的沉陷。

（4）闸坝设计施工要点：A1 闸坝地基采用天然土壤经处理加固而成。承载力要大于闸坝全部压力后不发生超限度和不均匀的沉陷。

闸坝下层结构必须经受得住由上下游水位落差造成的跌水急流的冲力破坏，避免由于上下游水位落差出现基础土壤管涌和经受渗流的浮托力。所以水闸下层结构要有一定的厚度和长度。

铺盖——是位于上游和闸体相衔接的不透水层。铺盖可采用浆砌毛石或铺设钢筋混凝土铺盖，长度为上游水深的 1 至数倍，厚度 40～50cm。

护坦——是向下游与铺盖相连接的不透水层。作用是防止河床的冲刷和渗透，其厚度与跌水护底相同，一般可采用 30～40cm 浆砌石。护坦长度约为上下游水位差的 1～4 倍。

海墁——是向下游与护坦相连接的透水层。水流在护坦上仅消耗了 70% 的动能。其余水流动能的破坏则靠海墁保护，海墁的末端要加深来分散水流。海墁可用 20～30cm 干砌毛石，下游在抛石。海墁长度约为闸后水深的 3～4 倍。

闸坝的上层建筑要坚固、稳定、水流通畅和

开启方便，外形建筑要与园林景观相结合。

### 5.落水跌水

落水跌水是根据水势高差形成的一种动态水景景观（图5-18）。落水跌水有天然水景和人工水景之分。例如自然风景区中的溪流、山涧、瀑布为天然水景。公园绿地中的喷泉、瀑布、跌水、漫水等多为人工水景。瀑布又可分挂瀑、帘瀑、叠瀑、飞瀑等形式。落水可分直落、分落、断落、滑落。在城市园林绿地中的落水和跌水水景多为人工造景，这类水景在广场喷泉水池中最为常见。

落水、跌水工程施工要点：

（1）人工落水跌水水景中的自然水景施工由于工程图表现技法受到限制，要做到师法自然，必须因地制宜。工程技术人员可根据石材骨料规格造型现场进行艺术再创作，现场组织施工。

（2）落水跌水结构骨架要符合图纸设计要求，造型美观自然，结构合理安全。

（3）落水跌水的水系要顺畅自然，水体要干净不能有渗漏现象。各类管线要设在隐蔽处不外露，要确保安全。

（4）由于落水跌水要求有一定落差，一般常采用天然料石堆砌山体骨架。山体基础要很好，做基础处理以防止石体出现开裂或下沉，因为石材很重（每立方米石材净重2.8t）。石体堆砌山体也可采用钢筋混凝土骨架外包料石做法。

（5）落水跌水工程设计与施工要与周围环境和园林景观融为一体，做到水型流畅自然。

### 6.喷泉

喷泉又叫喷水池，它常与水景雕塑同时设计，并同声、光、电、火、视频相结合。喷泉在现代城市中是不可缺少的水景。例如城市广场、主题公园、街景绿地中都有喷泉水景。很多喷泉还与雕塑、灯光、火焰、雾化、视频、音乐等高科技组合在一起构成三维立体画面（图5-19）。例如重

①新疆天池天然溪流落水　②~③桂林古东天然山涧跌水　④新疆天池天人工瀑布　⑤上海世博园人工慢水
⑥新加坡街景人工跌水小水景　⑦天津梅江芳水园人工跌　⑧上海世博园人工溪流

图5-18 落水跌水

①马来西亚水景喷泉　②新加坡水景喷泉　③德国路德维希堡水景　④天津河东公园旱喷泉　⑤西安园艺博览会旱喷泉
⑥新加坡植物园浅水池　⑦北京某建筑前较大规模的喷泉　⑧新加坡水幕电影　⑨新加坡水幕电影　⑩印度尼西亚浅水池
⑪台湾省西湖度假村雕塑喷泉　⑫荷兰雕塑喷泉　⑬印度尼西亚雕塑水景

图 5-19　各类喷泉（一）

①西安园艺博览会雾喷泉　②香港迪士尼乐园降雪——白雪公主表演　③香港迪士尼乐园降雪——游客戏雪
④香港迪士尼乐园降雪——棒棒糖表演　⑤马来西亚水景剧喷火喷泉——火山喷发　⑥马来西亚水景剧喷火喷泉——火球喷射
⑦马来西亚水景剧喷火喷泉——火柱喷射　⑧西安园艺博览会组合喷泉组　⑨上海黄浦江灯光喷泉组会议中心
⑩上海黄浦江灯光喷泉组太阳谷

图 5-19　各类喷泉（二）

力喷水的旱喷泉、音乐喷泉、水幕电影、水柱廊、水帘等。世界上著名喷泉如美国的华尔兹喷泉、意大利的台地喷泉、我国圆明园的大水法喷泉（已毁）。水景喷泉工程一般都是由专业水景喷泉公司设计制作和安装施工。

（1）喷泉种类：喷泉一般按喷水形式有涌泉型、直射型、雪松型、半球型、牵牛花型、扶桑花型、蒲公英型、扇型、孔雀型、直流可调型等。可转动式喷水型式有旋转扇型、旋转线型、集流直射型、三层花型、双开屏型、水炮型、碟泉形。组合式水景有水幕电影、水幕墙、加气水墙、水火墙、水火柱喷雾造型等。近几年新的喷水形式还在不断推出。

（2）喷泉设计：喷泉设计分为水池结构设计和水电水景设计两部分。喷泉所有设计工程都要不断推新。结合当前国内外新材料新工艺新技术的应用不断创新，一般喷泉水景设计与制作由专业公司来创作完成。

喷泉结构设计工程和水景设计工程如下。

喷水池——喷水池体多采用钢筋混凝土结构，水池造型和水池容量要与水景设计相结合计算出池体深度和池壁厚度，池壁作贴面砖处理。较大的喷水池组多利用天然水池，池体可不做硬化处理。如果怕水池渗漏或被污染，一般多采用柔性防水。做法是在湖底铺设止水膜，再在止水膜上铺细石骨料保护层或铺黏土层。

喷水系统——喷泉水系统是由进水口、溢水口、泄水口和喷泉水景系统组成。喷水系统有水泵、喷头、彩色照明和控制柜，大型喷泉组还要设水电控制室。喷水系统由专业水景公司设计施工。

（3）喷泉设计施工要点：A1喷泉池体结构要坚固耐用不能渗漏水，北方地区要考虑防止冻胀技术措施。池体结构多采用C25细石钢筋混凝土（刚性防水S6），池体基础垫层采用30～40cm碎石屑上铺10cm C15细石混凝土做法。喷水池面积较大时要预留伸缩缝，土基遇到软土层要做加固处理。旱喷水池上铺盖花岗岩石材要坚固、防滑和安全，石材尺寸一般控制在80cm×80cm×8cm。石材盖板尺寸过大时，石材厚度也要相应增加以确保人行车行的安全。

池体设计要方便水系统各种管线的铺设和安装调试，特别是旱喷水池要在池体下留出人行操作空间和检查孔，方便后期维修。

水池中各种管线要设在隐蔽处，确保安全；所有金属管件要做防腐处理，如采用佛碳喷漆、喷塑烤漆。

水池中所有管线进水口处要设泄水阀门，冬季将管道中水排出放掉，防止管道冻裂。在冬季上冻前要把水池中所有水排空。

喷水池中如设有雕塑或其他构筑物时要与喷水池统一设计和施工，不要出现后期添加和修改，以防止影响水池整体结构和漏水。

喷泉池的进水管、泄水管、溢水管通过池壁时要设止水翼阀或预埋钢套管防止水的渗漏。水景喷水系统的各种管件要确保坚固耐用，方便管件的更换和技术改进。例如进水管、泄水管、溢水管采用镀锌钢管或铸铁管加套管，小水池排水采用镀锌管用木塞堵。

# 第二节　道路桥梁工程

园路是构成交通的骨架，是连接各景点的脉络，桥梁又是道路的延伸，它是联系各景区通向各景点的纽带，是园林设计要素中最重要的要素之一。园路还有着组织交通引导游人游览路线，划分区域和组织空间，构成景观序列的功能，同时园路还为公园绿地中的排雨水、供自来水、供电、电信等工程打下基础。

## 一、园路类型

园林道路按其性质功能和用途分为：主干路、次要园路、游憩小路、汀步、踏蹬和园林铺装广场。

（1）主干路是从主入口通向各景区贯穿全园的路线（图5-20）。它是园内游人出行和应急车辆运行的主要道路。主干路路宽度为4～6m，一般不超过7m。

（2）次要园路是主干路的辅助道路，它分散在各景区连接各主要景点，是游人游览的主要道路。次要园路宽度常为4～5m，要求以人行为主，并能通行小型服务车辆（图5-21）。

（3）游憩小路是供游人游览、散步的园路，在园林中最为常见，游憩小路引导游人到达各个景点。小路宽3m左右，园林小径一般宽1.5～2m，在浅水区和草坪区设汀步（步石）；在山地和坡地中还要铺设坡道或踏蹬供游人攀登（图5-22）。

（4）园林铺装场地在园林绿地中常见，主要是供游人集散等候和组织集中活动，参观游览赏景的场所。面积可大可小，例如：较大的活动广场

①上海辰山植物园主干路　②天津长虹公园主干路　③新加坡植物园主干路　④新疆天池主干路

图 5-20　主干路

①台湾省某地花博园次干路　②新加坡植物园次干路　③新加坡西海岸公园次干路
④上海辰山植物园支干路　⑤新加坡植物园支干路　⑥印度尼西亚巴黎公主宾馆后花园支干路

图 5-21　次干路

①德国路德维希堡游人小路　②上海辰山植物园游人小路　③新加坡植物园游人小路

图 5-22　小路

①德国路德维希堡中心广场　②上海辰山植物园下沉广场　③台湾省某地花博园花卉广场　④台湾花博园门区集散广场
⑤台湾花博园内集散广场　⑥新加坡西海岸公园运动场　⑦新加坡西海岸儿童活动场、新加坡西海岸公园小球场

图 5-23 园林广场

①上海辰山植物园草汀步　②西安园艺博览会水汀步

图 5-24 汀步

①上海辰山植物园临水金属步道　②台湾北回归线公园临山步道　③台湾野柳地质公园临山木步道
④台湾临海木步道　⑤新疆天池人行木步道

图 5-25 栈道、步道

①台湾阿里山人行步道踏蹬　②台湾西湖后山踏蹬　③台湾西湖度假村踏蹬　④新加坡植物园踏蹬

图 5-26　踏蹬

①日本停车场　②上海辰山植物园电瓶车停车场　③新加坡西海岸公园停车场　④～⑤天津南开翠屏公园停车场

图 5-27　园林停车场

几公顷，小的集散广场几千平方米。铺装场地一般多设置在门区、中心活动区、儿童活动区、展览区、餐饮服务区、专类园区或利用公园绿地开设的减灾避难场地等（图 5-23）。

（5）其他场地。园林绿地中还应设有机动车停车场、自行车棚、小型运动场、表演场、安全应急通道等。这些场地可按设计规范组织设计和施工(图 5-24 ～ 27)。

# 二、园林道路铺装工程设计

园林道路铺装设计与施工要考虑以下问题。

## 1. 具有组织交通和组织游览的功能

园林道路不同于城市道路，其交通功能要从属于园林游览要求，对于园路的设定不能以捷径为准则。一般主要干路比次干路和小路交通性要强一些，游览道路是组织导游路线的主干线，园内建筑园林广场和景点内的活动路线也是园林导游路线的一部分。

## 2. 布置安排必须主次分明方向性强

园林道路游览必须顺畅方向明确，不至于使游人感到辨别困难迷失方向。各级园路主要从道路设计的宽度和路面材质色彩上加以区别，从而有助于游人顺利到达想要去的地方。

## 3. 园林道路的布置必须因地制宜

园林中的地形地貌决定了园林道路系统的走向和排布形式。比如狭长的丘陵地段，园内活动设施和景点必沿带状排布，这样和它相连的主干路必呈带状形式。又如有山有水的地势园内主要活动设施往往沿湖和环山布置，这样园内主干路必须采用套环式布置，从游览线的角度要求路网尽可能呈环状以避免游人走回头路。

## 4. 园林道路必须疏密有度合理分布

园路的疏密和景区的性质、园内的地形和游人量的多少有关。例如：安静休息区和地形起伏较大的地区，游人密度小些，这样园路排布不宜过密。在门区、文化广场、展览娱乐区、餐饮服务区游人密度较大些，铺装园路可多些。一般园路广场的比例控制在公园总面积的 10% ～ 12%，城市广场、游乐场和城市减灾广场铺装可多一些，以方便居民的集散。

## 5. 园林道路的曲折迂回要避免无序和杂乱无章

园路的曲折迂回一般是遇到丘陵、水体、构筑物、大树和陡峭山路等因素，另一方面是功能和艺术性的需求。例如，为增加景观序列丰富空间层次特意"造景"力求做到欲扬先抑,豁然开朗。

①德国路德维希堡公园沥青混凝土路面　②日本彩色沥青混凝土路面　③上海辰山植物园沥青混凝土路面　④日本神户彩色混凝土路面
⑤塘沽森林公园混凝土路面　⑥日本神户混凝土砖路面　⑦上海世博园彩色混凝土收缩面　⑧彩色混凝土压印砖路面

图 5-28 道路铺装材料

①上海乌镇条石花岗岩地面　②上海辰山植物园丁石花岗岩地面　③上海世博园自然面花岗岩地面　④上海世博园自然面花岗岩地面
⑤台湾石板花岗岩地面　⑥台湾青石板花岗岩地面　⑦天津滨海新区会展自然面花岗岩地面　⑧天津水上公园运动场自然面花岗岩地面

图 5-29 花岗岩地面

①日本透水混凝土转地面　②日本透水混凝土转地面　③日本透水混凝土转盲道　④台湾省某地混凝土转地面

图 5-30 透水铺装

①上海世博园青砖板瓦铺地　②苏州青砖板瓦铺地　③天津格调竹镜青砖板瓦铺地　④德国路德维希堡碎石子干铺地面
⑤上海辰山植物园碎石子干铺地面　⑥上海世博园碎石子干铺　⑦上海世博园豆石地面　⑧上海世博园豆石地面

图 5-31　砖石地面

①法国大河床石地面　②滨海新区泰达广场卵石地面　③新加坡的卵石地面

图 5-32　卵石地面

①日本实木木地面　②台湾阿里山实木山道　③台湾北回归线公园木道　④上海世博园塑木地板

图 5-33　实木地面

①天津翠屏山公园塑胶步道　②新加坡政府住屋塑胶儿童活动场

图 5-34　塑胶铺装地面

图 5-35　北京奥林匹克公园透水混凝土地面

①马来西亚瓷砖地面　②日本瓷砖地面　③日本瓷砖地面　④台湾省某地花博园瓷砖地面

图 5-36　瓷砖地面

①日本神户玻璃马赛克地面
②台湾玻璃马赛克艺术地面
图 5-37　马赛克地面

①天津钢化玻璃铺地
②日本钢板地面
③天津古文化街嵌铜艺术铺地
图 5-38　金属地面

①新加坡白沙地活动场
②德国路德维希堡碎木屑铺地
③台湾省某地花博园红土铺地
图 5-39　沙土地面

园林道路的曲折迂回必须因地制宜防止矫揉造作，路线要优美顺畅。

### 6. 园林道路交叉口的处理

园路交叉形式分为两条路交叉和一条路分出两条路两种，园路交叉口的处理必须注意以下问题：

（1）避免道路交叉口过多，在交叉口处路面上要分出主与次，使游人导游方向明确。

（2）两条主路相交时要尽可能采用正交，在游人较集中的路口处设集散小广场，利于游人通行。

（3）两条道路成锐角斜交时，锐角不要过小。并应交于一点，避免交叉口分离而不容易辨认。

（4）两条道路成丁字形交接时，在交点处设园林对景以增加景观效果装饰路口。

（5）山路与山脚下主干路交接时一般不宜正

交，这样可增加上山坡道的缓冲来引导游人登山。

## 三、园林道路铺装选材

园林道路场地的铺装选材要求：美观、坚固、平稳、耐磨、防滑，易于清扫，引导游览，便于识别等功能。常用园林铺地材料有沥青混凝土路面、混凝土路面、压花混凝土路面、混凝土透水砖路面、混凝土预制砖路面、石材铺装路面（图 5-31）、渗水混凝土路面、卵石路面（图 5-32）、碎石干铺路等，用于广场铺装的材料很多，如生态塑木板、水洗石地面、玻璃铺面、金属板铺面（图 5-38）、各类花岗岩石材地面、陶砖地面、青砖板瓦地面、丁石地面和塑胶铺地（图 5-34）等，其他有条石踏蹬、石汀步、石坡道等。这些地面材料在公园绿地和城市广场中都会见到。

## 四、园路场地结构设计

### 1. 园路场地基础设计

由于天津地区地下水位较高，土壤盐碱，滨海新区绿化用地回填土壤较普遍，土质松软，这样土基处理显得尤为重要。土基处理施工要严格工艺流程，防止土基塌陷。路面基础分为透水基础和不透水基础两种，不透水基础要严格密实防止透水，这样可保证铺砖面层易被地下水碱化出现碱渍老化。透水基础要求稳定坚固透水性好，这样选择透水砖可保证雨水渗透功能，利于土壤涵养水分，达到生态环保目的。

### 2. 园路场地面层设计

选择道路广场面层要根据总体规划设计全面考虑，首先要美观实用，坚固耐用和防滑安全，其次在环保经济、车行人行舒适的基础上尽量做到现代、时尚、简洁、明快和大气，色彩不要过于鲜艳和零乱。

例如，园林主干道多采用的路面有①沥青混凝土路面。这种路面舒适、经济，施工维修方便，但色彩单一，可在路面边缘或中线上加铺不同材质线型以增加平面色彩变化。在条件允许时可采用彩色沥青混凝土。②透水混凝土路面。透水性好，色彩变化丰富，可用做人行路面，这类路面生态环保人行舒适但工程造价较高，不耐车辆长时间碾压，特别是不利于小面积路面的施工，沙尘较严重地区不宜使用，容易污染路面，堵塞空隙。③混凝土砖路面。这类路面作为人行路面使用较为普遍。混凝土砖色彩丰富图案选型多，滨海盐碱土地区的路面多适用透水基础（碎石屑垫层），混凝土砖面层人行舒适但砖面层易老化出现碱渍，车辆碾压面砖易损坏。选用混凝土砖的质量和基础做法是施工关键，如选用正规厂家混凝砖，基础垫层设计施工要符合规范，面层色彩拼图要有现代感。④石材铺装路面。多用于城市重点的广场和道路，这类面材美观坚固耐久，人行车行都很舒适，拼图和色彩也很丰富。缺点是选用面层石材过薄（小于30mm）容易破损，路面不好修复，用于车行花岗岩石材面层车行轮胎抓地性较差，室外石材面不要用光面，采用自然面机刨面或火烧面，对于较大面积广场铺装选用 5 ~ 6 cm 厚60cm×60cm灰色自然面花岗岩石材最好用。⑤广场砖路面。这类面层用硬基础适合人行，面层拼图变化多，色彩丰富但易破损不好修复，防滑效果一般。⑥卵石豆石地面。这类地面多用于小甬路广场的铺装，一般采用硬基础（10cm厚C20细石混凝土结构层镶卵石豆石）。卵石豆石地面适合人行和健身，但卵石脱落不好修复。

## 五、园路场地设计施工要点

（1）园路土基要坚固稳定，不能有不均匀下沉和塌陷，最好经过一段时间沉降后在施工或渡槽后再施工。土基条件较差时作硬化处理后施工。如清除河滩海滩中的淤泥（清到硬底）后回填拆房土或石骨料；淤泥面积较大、深度较浅时可采用网格状填充硬骨料来加固道路的土基础。所有道路基础设计与施工要符合国家标准。

（2）园路基础要严格按照国家工程规范标准组

①路基塌陷　②路面返碱　③路基础下沉　④路面离骨　⑤路面衔接混乱出现多处"死角"　⑥拼图材质混乱　⑦路面出现热胀缝

图5-40 各种园路问题

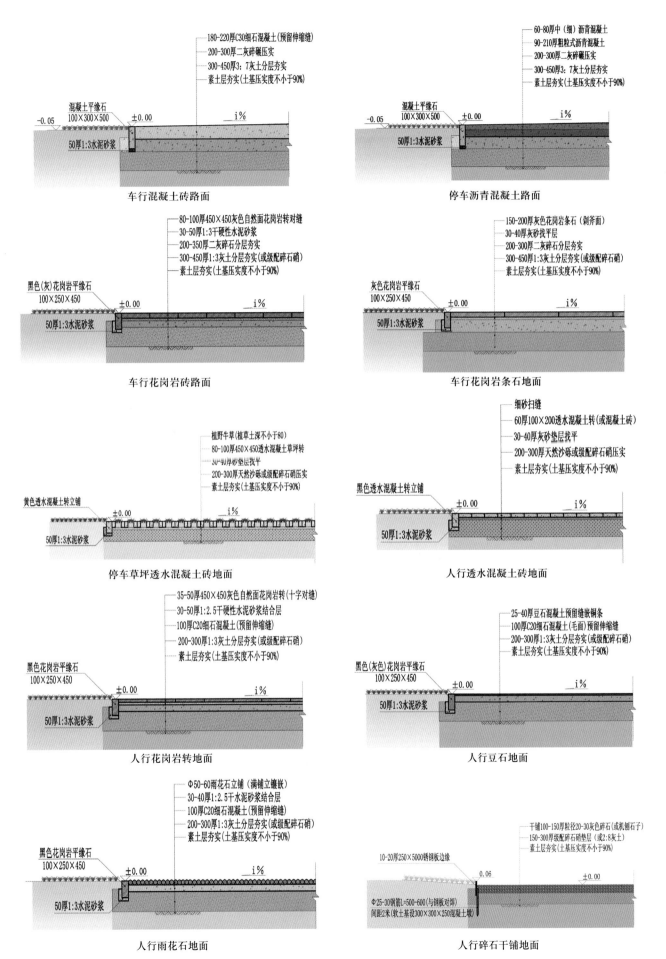

车行混凝土砖路面
- 180-220厚C30细石混凝土(预留伸缩缝)
- 200-300厚二灰碎砾压实
- 300-450厚3:7灰土分层夯实
- 素土层夯实(土基压实度不小于90%)
- 混凝土平缘石 100×300×500
- -0.05　±0.00　i%
- 50厚1:3水泥砂浆

停车沥青混凝土路面
- 60-80厚中(细)沥青混凝土
- 90-210厚粗粒式沥青混凝土
- 200-300厚二灰碎砾压实
- 300-450厚3:7灰土分层夯实
- 素土层夯实(土基压实度不小于90%)
- 混凝土平缘石 100×300×500
- -0.05　±0.00　i%
- 50厚1:3水泥砂浆

车行花岗岩砖路面
- 80-100厚450×450灰色自然面花岗岩转对缝
- 30-50厚1:3干硬性水泥砂浆
- 200-350厚二灰碎石分层夯实
- 300-450厚1:3灰土分层夯实(或级配碎石硝)
- 素土层夯实(土基压实度不小于90%)
- 黑色(灰)花岗岩平缘石 100×250×450
- ±0.00　i%
- 50厚1:3水泥砂浆

车行花岗岩条石地面
- 150-200厚灰色花岗岩条石(剁斧面)
- 30-40厚灰砂找平层
- 200-300厚二灰碎石分层夯实
- 300-450厚1:3灰土分层夯实(或级配碎石硝)
- 素土层夯实(土基压实度不小于90%)
- 灰色花岗岩平缘石 100×250×450
- ±0.00　i%
- 50厚1:3水泥砂浆

停车草坪透水混凝土砖地面
- 植野牛草(植草土深不小于80)
- 80-100厚450×450透水混凝土草坪转
- 30-40厚净砂垫层找平
- 200-300厚天然沙砾或级配碎石硝压实
- 素土层夯实(土基压实度不小于90%)
- 黄色透水混凝土转立铺
- ±0.00　i%
- 50厚1:3水泥砂浆

人行透水混凝土砖地面
- 细砂扫缝
- 60厚100×200透水混凝土转(或混凝土砖)
- 30-40厚灰砂垫层找平
- 200-300厚天然沙砾或级配碎石硝压实
- 素土层夯实(土基压实度不小于90%)
- 黑色透水混凝土转立铺
- ±0.00　i%
- 50厚1:3水泥砂浆

人行花岗岩转地面
- 35-50厚450×450灰色自然面花岗岩转(十字对缝)
- 30-50厚1:2.5干硬性水泥砂浆结合层
- 100厚C20细石混凝土(预留伸缩缝)
- 200-300厚1:3灰土分层夯实(或级配碎石硝)
- 素土层夯实(土基压实度不小于90%)
- 黑色花岗岩平缘石 100×250×450
- ±0.00　i%
- 50厚1:3水泥砂浆

人行豆石地面
- 25-40厚豆石混凝土预留缝嵌铜条
- 100厚C20细石混凝土(毛面)预留伸缩缝
- 200-300厚1:3灰土分层夯实(或级配碎石硝)
- 素土层夯实(土基压实度不小于90%)
- 黑色(灰色)花岗岩平缘石 100×250×450
- ±0.00　i%
- 50厚1:3水泥砂浆

人行雨花石地面
- Φ50-60厚雨花石立铺(满铺立镶嵌)
- 30-40厚1:2.5干水泥砂浆结合层
- 100厚C20细石混凝土(预留伸缩缝)
- 200-300厚1:3灰土分层夯实(或级配碎石硝)
- 素土层夯实(土基压实度不小于90%)
- 黑色花岗岩平缘石 100×250×450
- ±0.00　i%
- 50厚1:3水泥砂浆

人行碎石干铺地面
- 干铺100-150厚粒径20-30灰色碎石(或机刨石子)
- 150-300厚级配碎石硝垫层(或2:8灰土)
- 素土层夯实(土基压实度不小于90%)
- 10-20厚250×5000锈钢板边缘
- 0.06　±0.00
- Φ25-30厚钢筋L=500-600(与钢板对焊) 间距2米(软土基设300×300×250混凝土墩)

图5-41　园路结构做法(一)

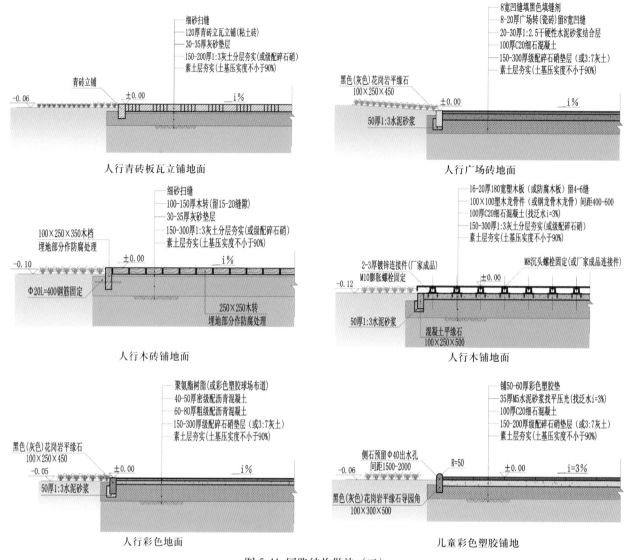

人行青砖板瓦立铺地面

细砂扫缝
120厚青砖立瓦铺(粘土砖)
30-35厚灰砂垫层
150-200厚1:3灰土分层夯实(或级配碎石硝)
素土层夯实(土基压实度不小于90%)

青砖立铺

人行广场砖地面

8宽凹缝填黑色填缝剂
8-20厚广场转(瓷砖)留8宽凹缝
20-30厚1:2.5干硬性水泥砂浆结合层
100厚C20细石混凝土
150-300厚级配碎石硝垫层(或3:7灰土)
素土层夯实(土基压实度不小于90%)

黑色(灰色)花岗岩平缘石
100×250×450

50厚1:3水泥砂浆

人行木砖铺地面

细砂扫缝
100-150厚木转(留15-20缝隙)
30-35厚灰砂垫层
150-300厚1:3灰土分层夯实(或级配碎石硝)
素土层夯实(土基压实度不小于90%)

100×250×350木档
埋地部分作防腐处理

Φ20L=400钢筋固定

250×250木转
埋地部分作防腐处理

人行木铺地面

16-20厚180宽塑木板(或防腐木板)留4-6缝
100×100塑木龙骨(或钢龙骨木龙骨)间距400-600
100厚C20细石混凝土(找泛水i=3%)
150-300厚1:3灰土分层夯实(或级配碎石硝)
素土层夯实(土基压实度不小于90%)

2-3厚镀锌连接件(厂家成品)
M10膨胀螺栓固定

M8沉头螺栓固定(或厂家成品连接件)

50厚1:3水泥砂浆

混凝土平缘石
100×250×500

人行彩色地面

聚氨酯树脂(或彩色塑胶球场跑道)
40-50厚密级配沥青混凝土
60-80厚粗级配沥青混凝土
150-300厚配碎石硝垫层(或3:7灰土)
素土层夯实(土基压实度不小于90%)

黑色(灰色)花岗岩平缘石
100×250×450

50厚1:3水泥砂浆

儿童彩色塑胶铺地

铺50-60厚彩色塑胶垫
35厚M5水泥砂浆找平压光(找泛水i=3%)
100厚C20细石混凝土
150-200厚级配碎石硝垫层(或3:7灰土)
素土层夯实(土基压实度不小于90%)

侧石预留Φ40出水孔
间距1500-2000

R=50

黑色(灰色)花岗岩平缘石导圆角
100×300×500

图5-41 园路结构做法(二)

织施工,"特别区域"结合实际另外进行加固设计。严格取样化验程序,严格清槽后灰土骨料分层碾压夯实,这是保证道路基础施工质量好坏的关键。

（3）人工铺设路面面层要平滑,找出排水泛水,对缝要精确,特别是花岗岩石材要做到十字对缝。不同铺装路面衔接时要求接口平滑顺畅,不能出现裂缝和死角。

（4）面层选材可根据道路等级来确定,做到美观、实用、环保、经济、利于识别。例如,车行主干道选用沥青混凝土路面(彩色),人行道选用透水混凝土砖路面(彩色),集散广场选用加厚6～10cm的花岗岩碎石基础路面,游人小路选用干铺碎石路面,临水步道可采用石材碎拼或塑木地板路面。近两年新推出的彩色透水混凝土路面是很好的人行园路铺装路面材料。

（5）面层的色彩和图案要具有现代、时尚、和谐、高雅与周围环境相匹配,色彩不能过于鲜艳,

线形不要过碎和零乱。

（6）滨海地区盐碱土壤做面层基础时,为防止面层出现盐渍和盐碱腐蚀和风化,可采用素土夯实后铺20～30cm碎石屑后铺设透水混凝土砖,这样可防止盐碱水分通过毛细管上升出现盐碱渍,采用透水基础还可以加强路面淋水效果,洗掉碱渍增加土壤涵养水分作用,利于植物生长,降低夏季路面温度。

（7）在北方地区采用石材瓷砖路面面层时容易出现热胀裂离骨脱落和冻缩,出现裂缝现象,主要原因是受环境温度变化影响,路面结构层变形系数不同(胀缩)出现热胀裂离骨面层脱落和冻缩面层出现裂缝。解决办法:①做混凝土构造层时结合面层尺寸每5～6m弥留伸缩缝15～20mm(混凝土伸缩缝与面层留缝保持一致),缝内填充木条或胶条。②面层材料不用黑色或深色,防止热辐射变形不均匀出现离骨。

# 六、园　桥

在湖河水系区域，园桥不仅是交通设施，又有组织导游分隔水面的作用，而且是重要的景点；既是构筑物，又是园林建筑；既可通行过水，又可休息赏景。园桥种类繁多，造型优美，令人赞叹，有很多桥是城市的街景和名片，有很多名桥还是著名的古迹。例如，西安古灞桥是现代柱墩式桥梁的先驱；河北赵县的赵州桥为世界第一座敞肩拱桥；苏州玉带桥名列世界长石桥的前列；河北井陉县苍岩山桥楼殿，为世界桥上建楼殿之祖；太原晋祠鱼沼飞梁为我国第一座十字形梁桥；四川灌县珠浦桥（安澜吊桥）为悬索桥的世界之最；北京卢沟桥有 800 余年历史，曾列为清朝燕京八景之一。其他著名的桥有北京颐和园的十七孔桥和玉带桥、苏州吴门桥、扬州瘦西湖的五亭桥、杭州西湖的断桥、绍兴太平桥、桂林花桥，天津水上公园的玉带桥、五曲桥、双拱桥、翠屏山公园的铁拱桥等。在北宋画家张择端的《清明上河图》上的汴梁虹桥是木架桥的珍品，不少园林中开始仿造。现代园林中，园桥造型更是多姿多彩，汀步石即是涉水中的路，又是点式渡桥，聚散不一，临水而行，别具风趣。

## 1. 园桥的类型

园桥依据材料分为石桥、木桥、钢筋混凝土桥、钢桥、锁桥、汀石等；按结构分则有梁式与拱式，单跨与多跨，其中拱桥又有单曲与双曲之分；按形式分，有贴临水面的平桥，有起伏带孔的拱桥，有曲折变换的曲桥，有桥上架屋的亭桥、廊桥，点石涉水的汀步等。在体量和尺度上有不同长短、不同高低、不同宽窄的桥。小桥仅长 1 ~ 2m，一人通过，大桥长几十米或上百米，可通行车辆。

## 2. 园桥的设计施工

园林中的桥一般大型桥梁由市政道路桥梁专业设计与施工，中小型园林桥梁由园林建筑专业设计施工。园林中的桥具有建筑特征又有园路功能，在工程设计中要两者兼顾。

（1）做到美观、实用、安全、经济：

美观——桥的立面风格要具有园林特色，避免造型呆板色彩单调，比例尺度要与周围环境协调并具有园林意境。

实用——桥的使用要方便人行车行和船行，行走路线顺畅舒适便于通行，特别是拱桥要方便中老年人和残疾人的通行和攀登。

安全——桥的人流量和车行量要满足桥的使用功能，桥体结构设计工程要确保桥梁稳定坚固。在人流通行量较大地方不要设置拱桥、亭桥、廊桥和索桥，防止出现人流量过大发生拥挤和踩踏事故。

经济——由于桥梁工程造价较高，在桥梁设计工程中要尽可能因地制宜、就地取材方便施工。例如中小型人行桥可采用钢架结构桥面铺塑木板，石拱桥采用钢筋混凝土外挂石材。

（2）园林中的桥在小水面上架桥时可有两种布局：一是小水宜聚，为使水面不被桥划破，可采用贴水面的平桥。二是为使小水面有不尽之意，增加景观层次，采取用平曲桥形式，使游览时间延长，观赏角度不断变化，突出了桥的道路导游特征，削弱了桥的建筑特征取得了很好的艺术效果。

（3）园林中的桥在大水面上需要分隔空间时可采用局部抬高桥面手法，如玉带桥（图5-42）、拱桥（图5-43）、廊桥、亭桥的形式。这种手法可增加桥的立面效果，避免水面的单调，并可方便桥下行船。局部抬高使其具有建筑的特征和景观功能。

（4）园林中的桥梁造型要美观，比例和尺度要与道路和周围环境相谐调，与建筑风格相一致，要具有园林意境给游人创造驻足赏景空间。例如，玉带桥、石拱桥、廊桥、亭桥就是很好的范例。

## 3. 园桥材料选择

园桥整体结构多用钢筋混凝土结构和钢结构，小桥也有采用木结构或石材。常用桥的面层材料有花岗岩石材面层、塑木面层、混凝土压面层、塑木或木板面层等。桥体面层不管用什么材料，要求人行走舒适防滑，坚固耐磨，车行安全。例如，最常用的钢筋混凝土桥，上铺5cm 厚天然花岗岩自然面，美观耐用，车行人行都很方便。人行桥采用水泥塑木，桥面美观防滑，复合塑木桥面轻便环保。彩色沥青混凝土桥面美观舒适，便于车行。用于人行的钢架桥铺设 2cm 以上防滑钢化玻璃，桥面时尚有趣。不管选择哪类面层材料，都要都要同桥的整体结构和造型相统一。

## 4. 园桥设计施工要点

（1）园桥坐落位置的土壤基础条件要坚固稳定，不能选泽在淤泥较多或有塌陷的土层地段设桥，桥梁工程要有地质检测报告书，遇到土基条件较差时要做土基硬化处理后再施工。

（2）园桥造型结构要优美大气，与园林景观融为一体，成为园林中的一景或主要景点。例如，北京颐和园谐趣园中的知鱼桥、杭州西湖的断桥、扬州瘦西湖的五亭桥（图5-44）、苏州拙政园中的小飞虹（廊桥）（图5-45）、承德避暑山庄水心榭都是著名景点。

（3）园桥的桥体结构包括护栏的设计与施工要确保使用安全。

（4）起拱桥的桥面坡度和踏蹬设计要保证车辆行驶和行人通行的顺畅和安全。例如，坡角要

小于12°，车行桥面不能遮挡司机视线。桥面坡度大于12°时最好设人行礓磋或踏蹬，踏蹬高要小于20cm，踏面宽不小于30cm，在踏蹬内侧要设无障碍坡道，方便行人车辆和残疾车辆的推行。

（5）园桥面层材料要选防滑、坚固、耐磨的材料。例如车行的桥面层采用；彩色沥青混凝土桥面、混凝土拉毛桥面，嵌6cm厚自然面花岗岩桥面。人

①天津水上公园玉带桥  ②宁波越湖景区玉带桥

图5-42 玉带桥

①天津水上公园西湖石拱桥  ②天津水上公园八岛石拱桥  ③天津水上公园东湖石拱桥  ④天津翠屏山公园钢拱桥  ⑤台湾中台禅寺铜拱桥

图5-43 拱桥

图5-44 亭桥

图5-45 苏州拙政园小飞虹廊桥

图 5-46　上海辰山植物园平桥

①宁波越湖景区平曲桥
②上海辰山植物园平曲桥
图 5-47　平曲桥

①台湾太鲁阁铁索桥
②台湾阿里山铁索桥
图 5-48　铁索桥

①天津梅江公园石汀步
②西安园艺博览会石汀步
图 5-49　汀步

行桥面采用加厚塑木桥面，镶嵌厚 3cm 以上花岗岩自然面桥面，铺设 10 ～ 15cm 厚防腐木板桥面，拱桥面采用石材礓磋或踏蹬桥面等，这些园桥面层材料在国内外有名的桥梁中都得到了很好的应用。

（6）水面中设汀步和无护栏小桥时选在浅水区域，在距桥边 3 ～ 5m 范围内水深不能超过 0.6m，以确保游人落水后的安全。在游人容易落水的危险区域要设置护栏或挡墙（图 5-49）。

（7）园桥护栏要坚固耐用，护栏立柱要与桥体梁连接到一起（生根），深水区桥护栏高度不低

图 5-50　卵石混凝土桥面

①碴磜石材桥面　②石材桥面　③木板桥面　④地砖桥面　⑤钢化玻璃桥　⑥钢化玻璃桥面

图5-51　各种桥面材料

于1m。园桥护栏采用金属栏杆时栏杆间距设在12～15cm，防止儿童跨越护栏出现危险。

（8）采用轻型钢架桥梁时要对钢材进行防腐处理。例如，采用镀锌钢件连接技术，钢结构防腐处理（佛碳喷漆、喷塑烤漆、铸铁构件）技术。在所有面层防腐处理中最关键的是钢件表面氧化物清除技术，如果钢件表面氧化物清除不彻底不干净，面层涂料起不到良好的防腐效果。钢件防腐一般5～10年做一次。

## 第三节　园林建筑工程

园林建筑是既有便用功能，又能与环境组成景观，供游人游览和使用，为游人提供服务的各类建筑物、构造物都可称为园林建筑。如传统形式的园林建筑亭、廊、榭、舫、厅、楼、阁、殿、斋、馆、轩等。现代园林建筑小品有公园门、动物馆舍、植物展室、四季温室、茶室、游船码头、小卖部、儿童游艺室、科技馆、休息室、洗手间、餐厅等。园林小品设施有风雨棚、花架、花坛花台、表演运动场、喷泉水池、园林雕塑、园凳座椅、景墙、挡土墙、置石、护栏、园灯、宣传廊、宣传橱窗、垃圾桶果皮箱等。

园林建筑工程指修建园林建筑和园林设施小品的工程。例如，各类"园林建筑"的施工和装修，修建假山置石，修建花坛花台，砌筑驳岸和挡土墙，修筑踏蹬坡道，铺设公园道及路人行甬道等工程

都可统称为园林建筑工程或园林土建工程。

## 一、园林建筑的分类

我国传统园林建筑具有因地制宜的布局，富有变化的群体组合，丰富多彩的立面造型，灵活多样的空间分隔，协调大方的色彩运用。因此，我们要学习和继承我国传统并不断发展和创新，以新的设计理念、新结构、新材料、新技术、新工艺、创造出符合当今人们对多重使用功能和审美的需求，发扬我国传统的园林建筑风格并不断推新。

### 1. 按传统形式分类

亭——《园冶》谓，"亭者，停也，所以亭游行也。"亭有眺望休息、遮阳、避雨、点景功能。亭的造型很多，在园林中最为常见。例如我国著名4个亭子是：北京陶然亭、安徽醉翁亭、杭州湖心亭、湖南长沙爱晚亭都是因为古代名人在此题诗作画而得名。

廊——廊主要为导游组织空间作用，并能遮阴防雨，供作息、组织分隔空间、造景等功能。例如廊可作透景、框景、隔景用，使园林空间景观产生变化。廊的造型和形式也很多，例如，颐和园的长廊长724m，共273间。北海静心斋的爬山廊，天津水上公园2010年新改造的临北湖长廊都是很有名的水景长廊。在2010年上海世界博览会的世博轴上的"风雨廊"给游人提供了遮风避雨和休息的场所，是上海世博会上一道亮丽的风

景线。

榭——临水平台挑出水面建筑。《园冶》谓，"榭者，借也。借景而成者也，或水边，或花畔，制亦随态。"榭设在水边，有休息椅凳以便倚水观景，较大水榭可结合布置茶室或临水舞台等。例如广西桂林芦笛岩水榭、上海南丹公园水榭、苏州拙政园芙蓉榭。

舫——不动的船，也称旱船，"湖中画舫"。运用联想使人虽在建筑中犹如置身舟楫之感。例如，北京颐和园昆明湖中的清宴舫（石舫）、苏州拙政园中的香洲、南京白鹭洲公园鹭舫。

厅堂——"堂者，当也。谓当正向阳之屋，以取堂堂高显之义。"厅亦相似，故厅堂一并称呼。厅堂可分3种，一般厅堂、鸳鸯厅和四面厅。例如，南京玄武湖公园白苑餐厅。

楼阁——阁是园林中的高层建筑，与楼一样，均是登高望远、休息赏景的园林建筑。现代园林中的楼多为茶室、餐厅、会客室等。例如天津水上公园登瀛楼餐厅、北京颐和园万寿山的佛香阁、桂林芦笛岩接待楼、南京莫愁湖公园胜棋楼和广州越秀公园镇海楼。

殿——古时把堂之高大者称为"殿"，多为帝王贵族活动的主体建筑。例如北京故宫的太和殿。

斋——是古人斋戒之所，即守戒、屏欲的地方。是安静居住的房屋。例如北海公园静心斋。

馆——古人曰；"馆，客舍也"。是接待宾客的房舍，供旅游饮食的房屋。例如上海虹口公园鲁迅纪念馆。

轩——原为古代马车前棚部分，建筑把厅堂前卷棚顶部分或殿堂的前檐称之为轩。例如无锡锡惠公园愚公谷荷轩、杜鹃园绣霞轩。

所有中国园林建筑的特点是"化大为小，自然组合"。在建筑上突出各自的建筑风格，例如多样庭院式、廊墙台组合式、台楼独立式。建筑多为一至两层，以一层居多。

**2. 按建筑的使用功能分类**

园林建筑具有一定的功能，同时还具有游览要求。不同的园林建筑可通过各自空间组合来满足各自功能要求。

（1）文化宣传类建筑：如展览馆、博物馆、纪念馆、阅览室、动植物展室、宣传廊、宣传牌、工艺展窗等。

（2）文娱体育类建筑：健身室、运动场馆、各类球场、游船码头（图5-52）、儿童运动设施、儿童游艺设施、表演场等。

（3）服务类建筑：大门（图5-53）、餐厅、茶室（图5-54）、小卖部（图5-55）、接待休息室、专类工艺室、卫生室、公厕、电动车站、缆车站等。

（4）点景游息类建筑：亭、廊、榭、阁、舫、塔、台、花架、门楼、观景塔、风雨廊等。

①天津水上公园东湖游船码头　②上海黄浦江游轮码头　③台湾日月潭游船码头

图5-52 园林码头

图5-53 台湾阿里山森林公园入口大门

图5-54 天津翠屏山公园茶室

图 5-55　天津水上公园九岛小卖部

①苏州拙政园木廊　②台湾阿里山茅草亭　③天津水上公园碧泼庄亭台　④天津水上公园九岛藕香榭亭　⑤台湾太平洋度假饭店庭院伞亭　⑥天津市河西华夏未来公园莲翼亭

图 5-56　亭廊

①水上公园五岛紫藤花架　②台湾情人桥木架廊③新加坡政府住屋社区屋顶木架廊

图 5-57　花架

①台湾西湖度假村厕所　②台湾情人桥厕所　③新加坡西海岸公园厕所　④日本明石海峡大桥厕所

图 5-58　园林厕所

①天津动物园熊猫馆　②天津动物园

图 5-59　动物馆舍

图 5-60　滨海新区泰达全光温室

图 5-61　天津翠屏公园接待室

（5）园林管理类建筑：管理室、食堂、库房、生产温室、车库、宿舍、水电泵房、机房等。

## 二、园林建筑组合形式

园林建筑组合特点是"化大为小，融于自然"，力求避免将很多不同使用功能的建筑组合在一起，形成庞大建筑体或建筑群。中国古典园林是将不同功能建筑，化大为小融于自然中，满足游人的使用需求和造园的要求。在建筑造型上体现风格统一中求个性变化，结合自然环境的特点，因地制宜组合成庭院式建筑组群；古典园林庭院建筑的布置形式还围绕水面来布置。如在水面周围布置榭、斋、亭、舫、厅等建筑，其中榭、亭可凸出水面，斋、厅、榭则从水岸向后退，舫为不动的船楼停靠在岸边。

根据地势不同，建筑庭院亦可分为平庭、水庭和山庭。水庭中建筑多临水面布置，山庭中建筑物可依山就势来布置。

## 三、园林建筑土建工程

园林土筑工程设计是由有设计资质的园林建筑设计单位竞标后进行工程设计，完成设计后再由各地方政府统一组织招投标来确定中标单位。完成招投标后聘请工程监理单位和中标施工单位共同组织施工。园林建筑工程设计施工要注意以下问题。

（1）满足园林建筑使用功能的要求。城市园林建筑名目繁多，用途广泛，因此不管哪类园林建筑和园林小品都要首先满足园林规划设计的要求，符合各类园林及建筑的设计规范。

（2）各类园林建筑设计要具有特色，易于识别，方便使用，满足不同功能要求，特别是对特殊人群的需求。

（3）园林建筑立面造型，外墙、屋顶、檐口材料要不同于公共建筑和商业建筑，要与整体规划设计相统一，突出园林建筑特色具有建筑自己特点。如园林古建要按中国传统的"营造法则"比例尺度来建造和装饰。现代园林建筑要具有现代时尚、生态环保的理念，如2010上海世界博览会、2011台北国际花卉博览会、2011西安世界园艺博览会上的园林建筑和园林小品都是很好的范例。

（4）园林建筑设计要节能环保、美观耐用、方便施工、降低成本、易于后期的维修和养护。节能环保是当前园林建筑发展的方向。

（5）园林建筑的结构外檐装饰和内部装饰材料尽可能采用新工艺、新材料、新技术，使园林建筑形式不断推新又坚固适用。园林建筑外檐老化脱落是影响建筑美观的主要问题，例如天津地区土壤盐碱，地下水位高，春秋季节风沙较多，对建筑结构和外檐会产生腐蚀和侵害。选择建筑结构做法和装饰材料上要动脑筋下工夫。选择用新材料新技术来补不足，如：①选用抗盐碱结构混凝土结构设计规范GB50010–2002。②选用结构混凝土耐久性技术（使用非碱性骨科、防腐材料，设计使用年限为大于50年的结构混凝土）。③在腐蚀环境下，提高结构混凝土的基础腐蚀性等级，符合表5-1的规定。④提高混凝土和预应力。混凝土结构件的裂缝控制等级和大裂缝宽度允许值，应符合表5-2的规定。⑤钢筋的混凝土保护层最小厚度，应符合表5-3的规定。

后张法预应力混凝土构件的预应力混凝土保护层厚度为护套或孔道关外缘至混凝土表面的距离，除应符合表5-3的规定外，尚应不小于护套或孔道直径的1/2。

表 5-1 结构混凝土的基本要求

| 项　目 | 腐蚀性等级 | | |
|---|---|---|---|
| | 强 | 中 | 弱 |
| 最低混凝土强度等 | C40 | C35 | C30 |
| 最小水泥用量（kg/m³） | 340 | 320 | 300 |
| 最大水灰比 | 0.4 | 0.45 | 0.5 |
| 最大氯离子含量（水泥用量的百分比） | 0.08 | 0.10 | 0.10 |

注：①预应力混凝土构件最低混凝土强度等级应按表中提高一个等级；最大氯离子含量为水泥用量的0.06%。②当混凝土中掺入矿物掺合料时，表中"水泥用量"为"胶凝材料用量"，"水灰比"为"水胶比"。

表 5-2 裂缝控制等级和最大裂缝宽度允许值

| 结构种类 | 强腐蚀 | 中腐蚀 | 弱腐蚀 |
|---|---|---|---|
| 钢筋混凝土结构 | 三级 0.15m | 三级 0.20m | 三级 0.20m |
| 舒应力混凝土结构 | 一级 | 一级 | 一级 |

注：裂缝控制等级的划分应符合现行国家标准《混凝土结构设计规范》GB50010 的规定。

表 5-3 混凝土保护层最小厚度（mm）

| 构件类别 | 强腐蚀 | 中弱腐蚀 |
|---|---|---|
| 板、柱等面形构件 | 35 | 30 |
| 板、柱等条形构件 | 40 | 35 |
| 基础 | 50 | 50 |
| 地下室外墙及底板 | 50 | 50 |

采用上述技术会使园林建筑结构和构件增加使用寿命。

(6) 园林建筑基础材料的选择应符合下列规定：①基础应采用素混凝土、钢筋混凝土或毛石混凝土。②素混凝土和毛石混凝土的强度等级不应低于 C25。③当污染土、地下水和生产过程中泄漏的介质共同作用时，应按腐蚀性等级高的确定。④基础应设垫层。基础与垫层的防护要求应符合表 5-4 的规定，基础梁的防护要求应符合表 5-5 的规定。

采用掺入抗硫酸盐的外加剂、钢筋阻锈剂、矿物掺和料的混凝土，其性能满足防腐要求时，可用于制作垫层、基础、基础梁，并可不做表面防护。

(7) 园林服务类建筑，内部设备设施要功能

表 5-4 基础与垫层的防护要求

| 腐蚀等级 | 垫层材料 | 基础的表面防护 |
| --- | --- | --- |
| 强 | 耐腐蚀材料 | 1. 环氧沥青或聚氨酯沥青涂层，厚度 ≥ 500μm<br>2. 聚合物水泥沙浆，厚度 ≥ 10mm<br>3. 树脂玻璃鳞片涂层，厚度 ≥ 300μm<br>4. 环氧沥青，聚氨酯沥青贴玻璃布，厚度 ≥ 1mm |
| 中 | 耐腐蚀材料 | 1. 沥青冷底子油两遍，沥青胶泥涂层，厚度 ≥ 500μm<br>2. 聚合物水泥沙浆，厚度 ≥ 5mm<br>3. 环氧沥青或聚氨酯沥青涂层，厚度 ≥ 300μm |
| 弱 | 混凝土 C20 厚度 100mm | 1. 表面不做防护<br>2. 沥青冷底子油两遍，沥青胶泥涂层，厚度 ≥ 300μm<br>3. 聚合物水泥浆两遍 |

注：①当表中有多种防护措施时，可根据腐蚀性介质的性质和作用程度。基础的重要性等因素选用其中一种。②埋入土中的混凝土结构或砌体结构，其表面应按本表进行防护。砌体结构表面应先用 1:2 水泥沙浆抹面。③垫层的耐腐蚀材料可采用沥青混凝土（厚 100mm）、碎石灌沥青（厚 150mm）、聚合物水泥混凝土（厚 100mm）等。

表 5-5 基础梁的防护要求

| 腐蚀等级 | 基础的表面防护 |
| --- | --- |
| 强 | 1. 环氧沥青、聚氨酯沥青贴玻璃布，厚度 ≥ 1mm<br>2. 树脂玻璃鳞片涂层，厚度 ≥ 500μm<br>3. 聚合物水泥沙浆，厚度 ≥ 1mm |
| 中 | 1. 环氧沥青或聚氨酯沥青涂层，厚度 ≥ 500μm<br>2. 聚合物水泥沙浆，厚度 ≥ 10m<br>3. 树脂玻璃鳞片涂层，厚度 ≥ 300μm |
| 弱 | 1. 环氧沥青或聚氨酯沥青涂层，厚度 ≥ 300μm<br>2. 聚合物水泥沙浆，厚度 ≥ 5m<br>3. 聚合物水泥浆两遍 |

注：当表面中有多种防护措施时，可根据腐蚀性介质的性质和作用程度、基础梁的重要性等因素选用其中一种。

齐全，装修时尚舒适具有特色，利于清扫保洁，方便游人和管理人员的使用。

(8) 园林建筑规划设计和施工要由专业有资质的设计单位和施工单位设计和施工（进行公开招投标），要有专业监理单位进行监理。工程完工后由甲方、监理方、设计方和施工方共同验收，把好工程的质量关。

## 四、园林小型建筑设施与小品工程

园林小型建筑设施与园林小品一般体型小、数量多、使用广泛，具有较强的装饰性和实用性，不可忽视。

### 1. 园林小品设施类别

常见园林小型建筑有：餐饮亭、报刊亭、小商品亭、饮水亭、电讯亭、卫生站、候车亭、风雨亭、风雨廊等。园林小品有：喷泉水池、园椅园凳、园灯、置石、展览牌、宣传橱窗、电子屏幕、景墙、围栏、栏杆、花坛、花台、花钵、花篮、雕塑。园林设施有：标识牌、挡墙驳岸、坡道踏蹬、树箄子、树支架、果皮箱、急救箱、微音系统、饮水器、电瓶车、急救车、水上救生船等。上述园林小型建筑、园林小品和园林设施在园林中是不可缺少的，它不光是起到装饰园林景观、美化园林环境，更主要的是给游人提供方便、舒适、安全、便利的服务，提升园林品味。

### 2. 园林小品工程设计

(1) 园椅园凳：是供游人休息赏景之用。一般布置在游人停留休息、赏景的地方，如大树下草坪边缘和广场周边，造型力求造型美观，舒适坚固，构造简单，制作安装方便，易清洁。装饰要简洁明快大气，色彩、风格与周围环境相协调。高度宜在 40 ~ 45cm，不得超过 60cm。一般多采用石材、木材、石木、铁木、金属构件，塑木等材料，可由专业厂家提供成品或自行设计施工（图 5-62）。

(2) 园灯：园灯是园林夜晚照明设施，白天具有装饰作用（图 5-63 ~ 65）。园灯的种类很多，如高杆灯用于广场主干路，高 4.5 ~ 9m。庭院灯多设在广场路边缘，高 3 ~ 4m。草坪灯设在支路小路两侧，高 0.7 ~ 1.2m。埋地灯多用于广场道路路面装饰照明。墙灯踏蹬灯多用于垂直面镶嵌装饰面。投光灯用于建筑立面照明。水灯用于水池喷泉中照明装饰和大树照明装饰。灯带用于园林建筑外檐装饰。近年来在滨海新区用于环保节能灯很多，如太阳能灯、风电节能灯。灯的造型

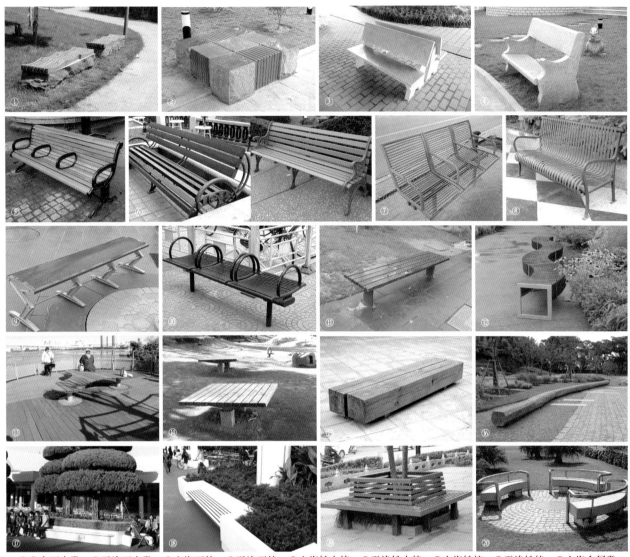

①北京石木凳　②天津石木凳　③上海石椅　④天津石椅　⑤上海铁木椅　⑥天津铁木椅　⑦上海铁椅　⑧天津铁椅　⑨上海金属凳
⑩天津金属凳　⑪北京铁木凳　⑫上海铁木凳　⑬日本木座凳　⑭日本木座凳　⑮山东木条凳　⑯上海木条凳　⑰日本迪士尼树池凳
⑱上海世博园树池凳　⑲上海围树椅　⑳山东围树椅

图 5-62　各类园凳

①上海庭院灯　②山东庭院灯　③香港庭院灯　④上海墙壁灯　⑤天津墙壁灯

图 5-63　各种园灯（一）

①天津　②新加坡 LED 埋地灯　③天津草坪灯　④天津草坪灯　⑤日本草坪灯　⑥上海世博园建筑灯带　⑦上海世博园太阳能彩色灯带
⑧上海世博园太阳能泛光灯　⑨上海世博园会议中心太阳能泛光灯　⑩上海世博园中国馆太阳能泛光灯

图 5-64　各种园灯（二）

①上海世博园艺术灯 ②台湾花博园艺术灯 ③台湾花博园艺术灯
图 5-65 各种园灯（三）

要美观、实用、坚固、安全、节能、环保，灯头的亮度色彩具有照明和装饰效果，要选节能灯头。灯具设计施工可选成品或由专业厂商设计施工。

（3）宣传廊等：宣传廊还包括宣传牌、电子屏幕，是文化科普宣传形式之一，根据环境位置布置，如在广场周边人流集中的地方和道路转弯处设置。橱窗版面高低上下边宜在 1.2 ~ 2.2m。一般在人流多的地方布置时要后退 2 ~ 3m，留出使用空间，使游人少受干扰，并需植树遮阴。材质多选用铝合金、金属、木材、塑木等，切忌橱窗体量过大过于笨重。电子屏幕近几年在户外的广场车站建筑墙体上设置较多，这类设施由市容管理机构报批，由专业厂家设计制作和安装（图 5-66）。

（4）挡土墙、栏杆：挡土墙和栏杆在园林场地中主要起防护、分隔和装饰作用。挡土墙和护栏在庭院中不宜多设，主要起分割空间、组织疏导人流的作用。挡墙高度在 0.5 ~ 1m，护栏高度控制在 1.2 ~ 1.5m，应把防护分隔和装饰的功能巧妙地结合起来。常用材料有混凝土、混凝土砖、板瓦、陶土砖、石材、金属、塑木、玻璃等。设计施工要做到美观、适用、安全、经济，经久耐用，不易锈蚀，容易清洗。护栏造型很多，可选用成品或由专业施工单位设计施工（图 5-67）。

挡土墙护栏和栏杆设计与施工主要是墙体结构要防水防减，金属栏杆采用铁质材料要考虑防锈蚀处理。

①台湾太鲁阁台地木宣传廊 ②新加坡植物园木宣传廊 ③上海辰山植物园矿坑花园宣传牌 ④台湾地质公园木宣传牌
⑤台湾太鲁阁公园木制宣传橱窗 ⑥天津动物园三恰园木制宣传橱窗 ⑦上海世博园电子移动宣传车
图 5-66 园林宣传牌和橱窗等设备

①台湾北回归线公园金属护栏　②日本不锈钢栏杆　③上海道路金属护栏　④上海世博园不锈钢护栏　⑤上海辰山植物园料石挡土墙
⑥上海辰山植物园料石挡土墙　⑦上海辰山植物园碎石挡土墙　⑧台湾野柳地质公园条石挡土墙　⑨印度尼西亚卵石挡土墙　⑩台湾西湖
度假村木护栏　⑪台湾野柳地质公园木护栏　⑫台湾西湖度假村后山藤木护栏　⑬台湾野柳地质公园围网　⑭北京亚运村金属围网

图 5-67　各种防护栏网

（5）园林门、窗、墙：具有园林景观功能的门、窗、墙，不仅有组织空间、引导游人、采光和通风的作用，而且还能为园林组景。园窗有什锦窗和漏花窗两类，什锦窗是在墙上继续布置各种不同形状的窗框，用于组织园林框景，漏花窗类型很多，从材料上分有瓦、砖、玻璃，金属，钢筋混凝土、木材等。主要用于园墙装饰和漏景。园门是分割空间，引导参观路线和点景的作用，如紧闭大门上题两字"推敲"给人以开门的方法和做人做事要思量的寓意（图 5-68 ～ 70）。

园林门、窗、墙的设计施工要具有组织空间和装饰建筑墙面的功效，门窗的比例尺度要合理，方便游人使用。结构施工上要工艺合理，施工方便，墙体门窗要耐久防腐，面层材料装饰技术精悍。如增加钢筋混凝土强度和混凝土中氯离子含量，用非碱活性骨料；增加混凝土保护层厚度等措施，使滨海地区园林建筑抗盐碱风化加强。对易损易老化的材料在使用过程中定期维护和保养，选用木材金属材料要严格做防止锈蚀处理，可采用金属彩色防腐镀膜技术等。

①台湾省某地花博园景区门　②新加坡西海岸公园入口

图 5-68 大门

①台湾花博园什锦窗　②台湾花博园什锦门窗　③天津长虹公园什锦门窗

图 5-69 什锦窗

①日本防潮墙艺术围墙　②台湾中台禅寺金属围墙　③台湾中台禅寺彩色金属围墙

图 5-70 园林围墙

（6）花坛花台和花篮花钵：在城市广场公园绿地中使用得较为广泛，多用于广场、门区、道路的两侧和中轴线上。花坛花台花墙和花钵有组织装饰空间、点缀景点和组织人流、供游人休息等候的功能（图5-71～76）。花坛是用硬质材料围合而成种植花卉的建筑物称花坛，花坛错落两层以上为花台。在较大盛花容器里种植草花称花钵。花坛花台和花钵设计施工要求容器装饰性好、坚固美观，施工材料易选择，如用砖和石材围砌，混凝土浇筑贴石材或瓷片，烧结砖砌筑，用湖石河床石堆砌，用竹木和金属围合等。花篮花钵是种花卉的器皿，多用石材、竹木材、金属、PVC、亚克力、玻璃、塑木、玻璃钢等材料制成，造型各异，可以移动，要求工艺造型要具特色。花篮花钵可选用成品。

花坛花台设计与施工要坚固耐用，造型美观，工艺考究和容易施工，花坛花台墙体设计与施工要做到防水防碱侵蚀和防止面层材料老化脱落。例如采用混凝土或料石砌筑花坛挡土墙可防止盐碱侵蚀墙体和面层脱落。

（7）园林雕塑：园林雕塑具有记录历史及历史人物、表现主题、点缀装饰风景、丰富游览内容的

①上海世博园木花坛　②天津泰达植物园花坛　③上海世博园座凳木花坛　④台湾情人桥树坛　⑤台湾日月潭水中浮坛

图5-71　花坛

①天津长虹公园入口花台　②上海世博园世博轴木花台　③台湾野柳地质公园挡墙花台
④台湾野柳地质公园组合花台　⑤台湾中台禅寺坛坛　⑥台湾花博园树坛

图5-72　花台

①台湾花博会花墙　②台湾花博会入口花墙　③台湾花博会鲜花墙　④台湾花博会鲜花墙

图 5-73　花墙

①上海世博园木花钵　②台湾花博会陶花钵　③台湾花博会木组合花钵　④台湾花博会陶瓷花钵

图 5-74　花钵

①上海灯杆装饰花篮　②天津空港中心桥花篮　③台湾花博会长廊花篮
④上海过街天桥吊篮　⑤上海辰山植物园入口桥吊篮　⑥上海世博园世博轴天桥吊篮

图 5-75　花篮

①日本明石海峡大桥变电箱墙体垂直绿化　②上海世博园城市人馆墙体垂直绿化　③台湾花博会机房墙体垂直绿化　④台湾花博会木墙垂直绿化

图 5-76　垂直绿化

作用，大致可分为3类：①纪念性雕塑：多在纪念性公园绿地中常见，人物纪念广场中的人物雕像，如天津碱厂制碱专家侯德榜、范旭东纪念雕像，天津市三岔河口纪年雕像、天津市抗震纪念碑等。这些雕塑都有历史纪念意义。②主题性雕塑：有明确的创作主题，多布置在广场、绿地中，如上海世博园主题馆北侧志愿者广场中"飞翔的心愿"主题雕塑。滨海新区第二大街与黄海路中轴交汇处五洲擎天，天津市歌颂平房改造五周年的危改广场主题雕塑，这类雕塑都采用夸张的艺术形象来表现主题。③艺术雕塑及各类抽象艺术造型：多设在主题公园、公共广场和绿地等场所。如滨海新区第三大街与怡园东路雕塑公园中的创意雕塑群、上海世博园中的艺术造型雕塑、天津五大道街景绿地中的马场道雕塑群等。这类艺术造型雕塑主要表现的是艺术造型和抽象寓意题材（图5-77）。

雕塑设计制作与施工多由专业人员创作和组织施工。雕塑施工工艺要求较高，材质有不锈钢、彩钢板、煅铜、铸铜、石刻、木雕、玻璃钢、混凝土或其他材料。很多建筑师把雕塑和建筑融为一体，利用建筑的墙体、廊柱、檐口、窗口和水景精心设计，表现建筑艺术，如古希腊建筑把雕

①天津制碱专家范旭东、侯德榜、李烛尘雕像　②北京奥林匹克公园雕塑母与子　③上海世博园旧厂房改造主题雕塑凤凰涅槃　④北京奥运公园金属艺术雕塑　⑤香港迪士尼乐园米老鼠主题雕塑　⑥上海世博园彩笔球艺术雕塑　⑦上海世博园志愿者主题雕塑《飞翔的心愿》　⑧上海世博园灵芝根塑艺术雕塑　⑨日本滑雪场人物艺术雕塑　⑩新加坡植物园生命之泉人物艺术雕塑　⑪印尼沐浴人物艺术雕塑

图5-77　园林雕塑

刻用在柱式上，人体的美与数的和谐，科林斯、爱奥尼和陶立克柱式就是代表。

（8）园林小型建筑：园林小型建筑是指有一定商用功能的小型建筑或设施。如在公园绿地广场中用途很广泛的商品小屋、报刊亭、治安亭、候车亭、风雨廊、饮水点、电讯亭等（图5-78）。商用小屋面积在 9 ～ 15m²，多用轻型材料加工制作并可以移动，商用小屋材质可采用钢龙骨架外包不锈钢板、彩钢板、木板、铝塑板、玻璃等材料，商用小屋工程设计造型要具有特色，适用、美观、安全，成为具有商业特色的风景。风雨廊是在人流较集中的地方设置休息等候区域，可采用轻型遮阳伞休息木凳组合。电讯亭饮水亭在抗震减灾场地设置，也可设在城市人流较多的大中型广场中，给游人提供便利。

（9）标识标牌：电子屏、标识牌、导游牌设在公园的入口处，通向景区景点的路口处和集中绿地广场人流较集中的区域，室内外公共场所的区域都会见到（图5-80）。园林标识牌设置位置要明显，利于辨别方向，有组织交通的作用。标示标牌的比例尺度根据人行车行的视点、视距、视角来确定；道路的交叉路口，景点区域要设置标识标

①青岛木制商品小屋　②天津意大利风情街木制商品小屋　③天津意式风情街纪念品小木屋　④上海世博园木制餐饮小屋
⑤日本临海餐饮小屋　⑥台湾花博会餐饮街　⑦台湾花博会饮水小木屋　⑧台湾花博会饮水亭　⑨天津长虹公园饮水亭
⑩上海辰山植物园电瓶车候车亭　⑪台湾候车亭
图 5-78　小型园林建筑

①上海世博园电话亭　②上海世博园电话亭　③医疗点　④新加坡植物园纪念品小屋　⑤青岛栈桥纪念品小屋

图 5-79　电话亭、医疗点和纪念品小屋

牌。标识标牌设计要简洁明快，易于识别，活泼、具有特色。标识标牌还要与建筑风格、景观环境融为一体，可由专业公司设计制作和安装。选用材料有铝合金板、不锈钢板、金属彩板、铜板、亚克力塑料、玻璃、石材、木材等。标识标牌土建施工中灯光照明要结合在一起考虑。

电子大屏幕的设计可由专业公司设计制作和安装，选择位置设在人流量较集中和易停留的区域。如广场、门区入口处、餐饮服务区。

（10）园林停车场、车站、码头：停车设施有机动车停车场、自行车电动车停车廊、园区内电瓶车站和游船码头。在大型公园绿地、风景区、植物园、动物园、儿童乐园，要设有机动车停车场、自行车电动车停车廊、园内电瓶车站，游船码头等设施。这些设施的数量和容量要按园区的面积和人流量计算。停车场位于人流量进入园区的出入口处，交通出入要方便安全，停车场最好避开城市主干道路以便影响城市交通。

电瓶车在大型公园、动物园、植物园和风景名胜区、旅游景区中设置。一般在园区内的主要道路上设专用行车路线和停车站供游人乘坐游览，电瓶车道不要设在游人步行区域，电瓶车行驶在步行区域会给游客带来不安全感，影响游人的正常游览。

游船码头多设在有较大面积的水域中。一般游船码头位置多设在游船航行路线两头和水上划船区域人流较集中地段。游船码头临水平台要方便游人上下船和船的停靠，并提供游人等候休息、购票购买食品建筑设施。

停车场、电瓶车站、游船码头的工程设计要以人为本，方便游人游览和出行。停车场的规划设计还可以同城市交通系统结合，缓解城市停车难的压力。停车场、电瓶车站、游船码头设计与施工要确实做到适用、安全和便利，做到绿色环保舒适节能，所有设施要易于识别。园林停车场、车站、码头图片：

（11）其他园林设备设施：园林中其他小型设备设施有无障碍通道（图5-87）、果皮箱、垃圾桶（图5-82）、管道井盖、消防栓、树箅子（图5-83）、自动售货机（图5-84）、饮水器（图5-85）、救生箱（图5-86）等。这些园林设备设施体量小但随处可见，是给游人提供更舒适更人性化设备设施所不可缺少的。近几年来我国在一些国际展会上，很多新技术新工艺的产品不断推出。如2010中国上海世界博览会上为游客提供方便服务的遮阳棚、

①印尼小动物标识牌　②新加坡活动区标识牌　③新加坡花卉园标识牌　④上海展馆标识牌　⑤天津长虹公园指路牌
⑥上海世博园指路牌　⑦台湾野柳地质公园指路牌　⑧上海世博园交通车指路牌　⑨台湾北回归线公园导游牌
⑩新加坡西海岸公园导游牌　⑪上海世博园电子大屏幕　⑫香港迪士尼公园入口导游牌　⑬上海世博园世博轴导游牌
⑭天津友谊南路电视中心大厦电子大屏幕

图 5-80　园林标识牌

①新加坡西海岸公园机动车停车场　②～③天津翠屏山公园机动车停车场　④上海晨山植物园门区自行车廊　⑤台湾电动车廊
⑥台湾自行车架　⑦天津水上公园游船码头　⑧日本自行车架　⑨天津水上公园游船码头　⑩缆车房

图 5-81 园林停车场、码头

电子屏幕、休息廊、电信亭、微音系统、饮水站、降温器（图5-88）、救生箱、饮水器等给游客提供了很多方便（图5-89）。

**3.园林小品工程设计施工要点**

（1）园林小品的设计和位置选定要以人为本，方便游人使用，给各类游人提供尽可能的方便。如在人流较集中等候区域设置风雨廊给游人提供遮风避雨场所，在所有公共场所设卫生间，为残疾人提供方便通道，在公园广场人流量较集中区域设置休息座椅、饮水器、公共服务设施。

（2）选用园林小品的外形风格要与园林建筑和景观风格相一致，保持原有风格不变。如中国古典园林中的座椅尽可能不用不锈钢、彩钢板和塑料材质，可采用青砖凳、铁木椅、石凳座椅。在现代城市广场中可采用不锈钢板、彩钢板、塑木板、钢化玻璃、PVC复合材料，在自然生态园林中可利用毛竹、枯木、石材、藤条、茅草等材料，可就地取材变废为宝。

（3）所有的园林小品结构材料的选用要环保、安全、耐用和经济。如舒布洛克砖、透水混凝土复合砖都是利用燃烧下来废炉渣烧制加工的产品已被广泛应用。近几年采用的塑木板，防腐性能很好又坚固耐用，可大量代替木材，既有环保作用，又保护了森林资源。

（4）所有园林小品设计与施工尽可能由专业厂家工程技术人员安装和组织施工以确保施工质量和使用安全。如水电施工要由专业水电施工人员进行安装施工，电器设备由电器厂家负责安装施工。园林小品除需要特殊设计外应尽可能选用标准成品。

（5）园林小品选材最好坚固耐用，方便维护和修理，在开放的公共场所不用易损坏易丢失的构件。如在海河临水平台上设置的埋地灯、草坪灯、玻璃护栏、钢丝护栏容易丢失和损坏，可用其他产品来代替。又如钢筋混凝土预制小型构件由于钢筋的混凝土保护层过薄构件容易老化离骨脱落，可采用金属或防腐木构件代替，这样既美观又耐用。采用钢筋混凝土预制构件时要提高防腐等级，

①天津水上公园果皮箱　②上海世博园果皮箱　③上海世博园垃圾桶

图5-82　垃圾箱

①日本检查井盖　②台湾测量井盖　③台湾检查井盖　④台湾电信检查井盖　⑤上海世博园树篦子　⑥上海世博园树篦子

图5-83　井盖、树篦子

①上海世博园树木架支撑　②上海世博园树木架支撑　③日本东京仙台海滨公园松树防雪木支架　④日本东京仙台海滨公园自动售货机
⑤台北国际花卉博览会自动售货机　⑥日本消防栓　⑦台湾消防栓　⑧日本墙式消防栓

图 5-84 自动售货机

①日本东京都仙台海滨公园饮水器
②香港迪士尼乐园饮水器
图 5-85 饮水器

①上海晨山植物园救生箱
②上海世博园急救箱
图 5-86 急救箱

①天津梅江无障碍通道
②台湾无障碍通道
图 5-87 无障碍通道

图 5-88 降温机——上海世博园水雾降温机

①上海世博园步行风雨廊 ②上海世博园休息风雨廊 ③上海世博园太阳谷步行风雨廊
④上海世博园太阳谷休息风雨廊 ⑤上海世博园风雨亭
图 5-89 风雨廊

符合设计规范要求做到延年、美观、安全。

（6）园林小品中容易破损的部位和丢失的构件要及时修复和更换，以防止影响园容美观和游人的使用。如地灯、草坪灯破损，电线外露，各类井盖损坏丢失，收水金属篦子残缺，浇水阀门井损坏，园路路面坑洼不平，弯道侧石碾压破损，踏蹬坡道离骨破损，盲道转弯处和路口处连接不合理，围墙护栏转弯处损坏、贴挂石材面层离骨破损等。要对容易损坏和丢失的园林小品专人定期排查，及时修复和更换，消除安全隐患。

（7）园林小品中混凝土构件的耐久性应根据表 5-6 的环境类别和设计使用年限进行设计。

一类、二类和三类环境中，设计使用年限 50 年的结构混凝土应符合表 5-6 的规定。

钢筋混凝土保护层，纵向受力的普通钢筋及预应力钢筋，其混凝土保护层（钢筋外边缘至混凝土表面的距离）不应小于构件的公称之间，且应符合表 5-9 的规定。

表 5-6 混凝土结构的环境类别

| 环境类别 | | 条 件 |
|---|---|---|
| 一 | | 室内正常环境 |
| 二 | a | 室内潮湿环境；非严寒和非寒冷地区的露天环境、与无侵蚀性的水或土壤直接接触的环境 |
| | b | 严寒和寒冷地区的露天环境、与无侵蚀的水或土壤直接接触的环境 |
| 三 | | 使用除冰盐的环境；严寒和寒冷地区冬季水位变动的环境；滨海室外环境 |
| 四 | | 海水环境 |
| 五 | | 受人为或自然的侵蚀性物质影响的环境 |

注：严寒和寒冷地区的划分应符合国家现行标准《民用建筑热工设计规程》JGJ24 的规定。

表 5-7 结构混凝土耐久性的基础要求

| 环境类别 | | 最大水灰比 | 最小水泥用量（kg/m³） | 最低混凝土强度等级 | 最大氯离子含量（%） | 最大碱含量（kg/m³） |
|---|---|---|---|---|---|---|
| 一 | | 0.65 | 225 | C20 | 1.0 | 不限制 |
| 二 | a | 0.60 | 250 | C25 | 0.3 | 3.0 |
| | b | 0.55 | 275 | C30 | 0.3 | 3.0 |
| 三 | | 0.50 | 300 | C30 | 0.1 | 3.0 |

注：①氯离子含量系指其占水泥用量的百分率；②预应力构件混凝土中的最大氯离子含量为0.06%，最小水泥用量为300kg/m³；最低混凝土强度等级应按表中规定提高两个等级；③素混凝土构件的最小水泥用量不应少于表中数值减25kg/m³；④当混凝土中加入活性掺和料或能提高耐久性的外加剂时，可适当降低最小水泥用量；⑤当有可靠工程经验时，处于一类和二类环境中的最低混凝土强度等级可降低一个等级；⑥当使用非碱活性骨科时，对混凝土中的碱含量可不作限制。

（8）选用园林小品材质要坚固耐用，色彩明快，方便卫生保洁和清扫，表面不容易退色和脱落。如选用光面材料或深颜色容易做卫生和清扫；选用不锈材料不会锈蚀和退色，而且坚固耐用；选用塑木复合材料代替木板材料，坚固、耐用，不容易退色；选用钢支架尼龙布面风雨廊，轻巧、方便、耐用。

（9）在园林绿地和所有公共场所要为儿童、老年人和残疾人设立便利设施。如等候休息风雨亭或风雨廊，儿童休息活动的绿色安全岛，饮水器，铺设人行无障碍安全通道，道路指示牌等，设立上述所有设施要符合设计规范要求。

表 5-8　钢筋混凝土结构伸缩缝最大间距（m）

| 结构类别 | | 室内或土中 | 露天 |
|---|---|---|---|
| 排架结构 | 装配式 | 100 | 70 |
| 框架结构 | 装配式 | 75 | 50 |
| | 现浇式 | 55 | 35 |
| 剪力墙结构 | 装配式 | 65 | 40 |
| | 现浇式 | 45 | 30 |
| 挡土墙、地下室墙壁等类结构 | 装配式 | 40 | 30 |
| | 现浇式 | 30 | 20 |

表 5-9　纵向受力钢筋的混凝土保护层最小厚度（mm）

| 环境类别 | | 板、墙、壳 | | | 梁 | | | 柱 | | |
|---|---|---|---|---|---|---|---|---|---|---|
| | | ≤C20 | C25-C45 | ≥C50 | ≤C20 | C25-C45 | ≥C50 | ≤C20 | C25-C45 | ≥C50 |
| 一 | | 20 | 15 | 15 | 30 | 25 | 25 | 30 | 30 | 30 |
| 二 | a | — | 20 | 20 | — | 30 | 30 | — | 30 | 30 |
| | b | — | 25 | 20 | — | 35 | 30 | — | 35 | 30 |
| 三 | | — | 30 | 25 | — | 40 | 35 | — | 40 | 35 |

注：基础中纵向受力钢筋的混凝土保护层厚度不应小于40mm；当垫层时不应小于70mm。

# 第六章

# 种植工程设计

植物景观是园林景观的重要组成部分，植物配置设计则是园林景观创作的重要组成部分。种植工程设计就是从植物要素特征（大小、形态、颜色、质地等）出发，利用一定的组织编排手法（重复、对比、对称、变化等），将其组合成与自然或人造硬质环境相融合，具有一定美感，满足一定功能的整体植物景观画面。这幅画面是随时间与空间动态变换的。需要强调的是，植物景观画面远不是各个要素或部分要素简单的集合，而是将它们通过一定技巧手法组织起来的有机有序并能表达一定情感或情节的整体。

园林景观创作是一种艺术创作过程。而艺术创作需要解决 3 个基本问题：①用什么来创作？②以什么方式来创作？③创作结果要达到什么样的要求？

植物景观配置的概念清楚地表达了以下内容：①植物景观配置以植物元素的颜色、大小、形态、质地等为基本创作要素。②植物景观配置通过对基本要素进行重复、对比、节律、渐变、空间划分，几何形状等来进行创作。③结果要达到一定要求，满足一定的原则：如简单原则、统一与协调原则、平衡原则、重点变化原则、比例与尺度原则，更重要的是满足功能性原则。

园林设计师应通晓植物的设计特性，如尺度、形态、色彩、质地，要了解植物的生态习性和栽培要求，并且还要充分了解植物的功能。在许多设计中，园林设计师充分运用植物的建造功能、环境功能、观赏特性、美学功能等，描绘创造了无数处美好的空间场景。

本章结合滨海地区园林设计实践，对当前或今后一段时期内种植设计必须体现的原则、种植设计的程序、园林植物功能及其在设计实践中的运用和植物造景的基本形式及其运用进行深入的探讨，并分类介绍不同园林绿地种植设计方面的原理和实践。

## 第一节　种植设计原则

植物景观设计对于城市及人居生态环境的改善起着举足轻重的作用。为使植物景观的功能得到满足，充分发挥生态效益和经济效益，也便于设计师在复杂情况下把握植物景观设计的尺度，寻求一个正确、全面的思想行动准则是十分必要的。这个准则就是种植设计原则。

## 一、以人为本的原则

任何景观都是为人而设计的。但人的需求并非完全是对美的享受，真正的以人为本应当首先满足"人"作为使用者的最根本的需求。植物景观设计亦是如此，设计者必须掌握人们的生活和行为的普遍规律，使设计能够真正满足人的行为感受和需求，即必须实现其为人服务的基本功能。因此，植物景观的创造必须符合人的心理、生理、感性和理性需求，把服务和有益于人的健康和舒适作为植物景观设计的根本，体现以人为本，满足居民人性回归的渴望，力求创造环境宜人，景色引人，为人所用，尺度适宜，亲切近人，达到人景交融的亲情环境。

## 二、科学性原则

植物是有生命力的有机体。每一种植物对其生态环境都有特定的要求，在利用植物进行景观设计时必须先满足其生态要求。如果景观设计中的植物种类不能与种植地点的环境和生态相适应，就不能存活或生长不良，也就不能达到预期的景观效果。

### 1. 以乡土树种为主

乡土植物是在本地长期生存并保留下来的植物，它们在长期的生长进化过程中已经对周围环境有了高度的适应性，因此，乡土植物对当地来说是最适宜生长的，也是体现当地特色的主要因素，它理所当然地成为城市绿化的主要来源。基于滨海盐碱地特殊的立地条件，为保证园林景观效果，须选择有较强耐盐碱能力的乡土植物作为基调树种，如白蜡、旱柳、垂柳、白榆、桑树、构树、刺槐、臭椿、侧柏、紫穗槐、圆柏、火炬树、沙枣、木槿、龙柏等。

### 2. 因地制宜

在景观设计时，要根据设计场地生态环境的不同，因地制宜地选择适当的植物种类，使植物本身的生态习性和栽植地点的环境条件基本一致，使方案能最终得以实施。这就要求设计者首先对设计场地的环境条件（包括温度、湿度、光照、土壤和空气）进行勘测和综合分析，然后才能确定具体的种植设计。如在有严重 $SO_2$ 污染的工业区，应种植白皮松、毛白杨等抗污树种；在天津滨海地区，应选用白蜡、皂角、臭椿、沙枣等耐盐碱植物；在建筑的阴面或林荫下，则应种植玉簪、棣棠、珍珠梅等耐阴植物。

### 3. 师法自然

植物景观设计中，必须遵循自然群落的发展规律，并从丰富多彩的自然群落组成、结构中借鉴，保持群落的多样性和稳定性，这样才能保证植物的最佳生长状态。自然群落内各种植物之间的关系是极其复杂和矛盾的，包括寄生关系、共生关系、附生关系、生理关系、生物化学关系和机械关系等。在实现植物群落物种多样性的基础上，考虑种间关系，有利于提高群落的景观效果和生态效益。如温带地区的苔藓、地衣常附生在树干上，不但形成了各种美丽的植物景观，而且改善了环境的生态效应；而白桦与松、松与云杉之间具有对抗性，核桃叶分泌的核桃醌对苹果有毒害作用。

## 三、艺术性原则

完美的植物景观必须具备科学性与艺术性两方面的高度统一，既满足植物与环境在生态适应上的统一，又要通过艺术构图原理体现出植物个体及群体的形式美以及人们欣赏时所产生的意境美。植物景观中艺术性的创造是极为细腻复杂的，需要巧妙地利用植物的形体、线条、色彩和质地进行构图，并通过植物的季相变化来创造瑰丽的景观，表现其独特的艺术魅力。

### 1. 形式美

植物景观设计同样遵循着绘画艺术和景观设计艺术的基本原则，即统一、调和、均衡和韵律四大原则。植物的形式美是植物及其"景"的形式、一定条件下在人的心理上产生的愉悦感反应。它是由环境、物理特性、生理感应三要素构成。即在一定的环境条件下，对植物间色彩明暗的对比、不同色相的搭配及植物间高低大小的组合，进行巧妙的设计和布局，形成富于统一变化的景观构图，以吸引游人，供人们欣赏。

植物配置设计的形式美主要体现在变化与统一、协调与对比、韵律与节奏等方面。

（1）变化与统一：植物配置设计时，根据各种植物的形态、线条、色彩、质感、尺度等方面的不同差异变化，显示出变化的多样性，同时，不同植物之间在某个方面保持有一定的相似性，形成统一感，达到变化与统一的完美结合。

（2）协调与对比：植物配置设计时，应充分利用不同植物的观赏特色，合理运用协调与对比手法，注意相互联系与配合形成协调感，或用差异性产生对比效果。当植物与建筑物配植时注意体量、重量等比例的协调。利用植物色彩和体量上的对比会使植物景观更加丰富多彩，生动活泼。

（3）韵律与节奏：植物配置中可以通过距离相等、重复出现等来营造韵律和节奏，同时有目的地进行有规律的变化，产生韵律感。可以利用植物的单体、群体或形态、色彩、质地等景观要素的搭配达到有节奏和韵律的效果。

### 2. 时空观

园林艺术讲究动态序列景观和静态空间景观的组织。植物的生长变化造就了植物景观的时序变化，极大地丰富了景观的季相构图，形成三季有花、四季有景的景观效果；同时，规划设计中，还要合理配置速生和慢生树种，兼顾规划区域在若干年后的景观效果。此外，植物景观设计时，要根据空间的大小，树木的种类、姿态、株数的多少及配置方式，运用植物组合美化、组织空间，与建筑小品、水体、山石等相呼应，协调景观环境。

### 3. 意境美

园林中的植物花开草长、流红滴翠，漫步其间，使人们不仅可以感受到芬芳的花草气息，而且可以领略到清新隽永的诗情画意，使不同审美经验的人产生不同审美心理的思想内涵——意境。意境是中国文学和绘画艺术的重要表现形式，同时也贯穿于园林艺术表现之中，即借植物特有的形、色、香、声、韵之美，表现人的思想、品格、意志，创造出寄情于景和触景生情的意境，赋予植物人格化。如"岁寒而知松柏之后凋"表示坚贞不渝；"留得残荷听雨声"表现了寂静的气氛。这一从形态美到意境美的升华，不但含意深邃，而且达到了"天人合一"的境界。

## 四、生态性原则

生态问题已经成为当前城市景观规划设计中的一个焦点问题。在景观设计中，生态性原则主要体现在人与自然的亲和性方面。西方的绿色研究（green studies）提倡人工景观与自然融合，形成一个有机的整体，自然成为景观的一部分，而景观是对自然的改善和提升。布鲁诺·赛维认为："生态景观规划一方面将取代拥挤的、污染严重的、混乱的、充满凶杀的城市，另一方面也将代替荒凉的、未开化的山林。"它带给人的不是一时的视觉刺激，而是长久的精神愉悦，具有持续不断的富于创造性的审美体验。生态性原则也体现在景观资源保护和利用方面。尊重和保护现有自然景观资源，创造一个人工环境与自然环境和谐共存、相互补充，面向可持续发展的理想生态环境。经济合理地利用土地和其他自然资源，实现向自然适度索取与最优回报间的平衡。生态性原则还体现在节约和环保方面。最大限度节地、节能、节水、节材是可持续发展的必然选择，而在建造利用环境景观的过程中，尽可能保护而不对环境造成负面影响，是在景观设计中必须考虑的内容。

植物景观除了供人们欣赏外，更重要的是能创造出适合人类生存的生态环境。它具有吸音除尘、降解毒物、调节温湿度及防灾等生态效应，如何使这些生态效应得以充分发挥，是植物景观设计的关键。在设计中，应从景观生态学的角度，结合区域景观规划，对设计地区的景观特征进行综合分析；应充分考虑物种的生态学特征，合理配置植物，避免种间直接竞争，形成结构合理、功能健全、种群稳定的植物群落结构，以利种间互相补充，既充分利用环境资源，又能形成优美的景观；群落式的植物配置方式是生态学的重要体现，应尽可能通过群落式的配置满足植物对光照、水分、土壤、温度和空气的需求，最大限度地增加绿量，提高生态效益。

## 五、历史文化延续性原则

植物景观是保持和塑造城市风情、文脉和特色的重要方面。植物景观设计首先要理清历史文脉的主流，重视景观资源的继承、保护和利用，以自然生态条件和地带性植被为基础，将民俗风情、传统文化、宗教、历史文物等融合在植物景观中，使植物景观具有明显的地域性和文化性特征，产生可识别性和特色性。如杭州白堤的"一株桃花，一株柳"、荷兰的郁金香文化、日本的樱花文化，这样的植物景观已成为一种符号和标志，其功能如同城市中显著的建筑物或雕塑，可以记载一个地区的历史，传播一个城市的文化。

## 六、经济性原则

植物景观以创造生态效益和社会效益为主要目的，但这并不意味着可以无限制地增加投入。任何一个城市的人力、物力、财力和土地都是有限的，须遵循经济性原则，在节约成本、方便管理的基础上，以最少的投入获得最大的生态效益和社会效益，为改善城市环境、提高城市居民生活环境质量服务。如多选用寿命长、生长速度中等、耐粗放管理、耐修剪的植物，以减少资金投入和管理费用。

# 第二节 种植设计程序

种植设计是园林设计的重要组成部分，在种植设计过程中，设计师通常要经过一些必要的决策步骤。关于种植设计的程序，不同的专家学者均有各自的见解，根据作者长期从事园林设计的经验，尤其是在滨海盐碱地园林绿化建设中的体会，种植设计程序可以总结为6个阶段，即综合分析研究阶段、确定风格主题阶段、构思平面布局阶段、确定立面构图阶段、选择植物品种阶段和细化推敲完善阶段。分别说明如下。

## 一、综合分析研究阶段

### 1. 了解委托要求

设计者首先要了解甲方的委托要求。如项目建设目的是什么？投资规模计划如何？建设周期如何？等等。当然，设计师不应该仅仅是被动地接受解决甲方提出的问题，还应该主动从多角度出发，思考任务书中的要求是否应该无条件满足，任务目标是否还需调整，还有什么问题需要提出以及解决问题的方向等。

### 2. 熟悉场地情况

到实地观察。甲方应该提供场地范围内的现状测量图，根据测量图纸实地观察。

（1）核对、补充所收集的图纸资料。如现状的地形、土壤、水文、气候、植物、野生生物、构筑物等。

（2）了解场地与环境的关系。如：场地与周围区域的关系，外围建筑或构筑物的景观价值判断，有无利用价值；场地太阳的轨迹弧线，光照情况；主导风向及场地微风情况。

（3）收集并分析评估相关的历史资料，以确定对该地区开发的影响。

（4）实地体验、现场构思。

### 3. 分析功能定位

结合场地中的设计要素，深入分析功能需求，为确定植物布局提供依据。如道路、交通出入口、建筑、水体、地形等要素在空间中的位置和不同的功能要求以及不同功能空间的要求，直接影响

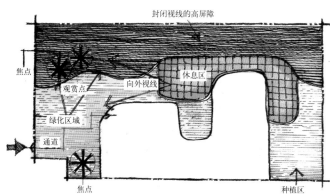

图6-1 别墅庭院功能分区图

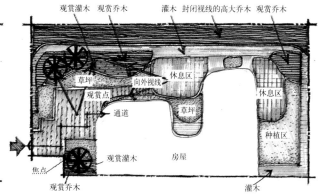

图6-2 别墅庭院平面构思图

植物功能的确定，如障景、庇荫、强调等。功能分析有效的方法是绘制功能分析草图（图6-1）。

## 二、确定风格主题阶段

### 1. 确定表现主题

当园林规划设计的主题确定后，需要运用植物进行烘托，也有项目需要通过植物造景来体现设计主题。种植设计主题需要以场地的园林规划布局形式以及各空间的环境个性来确定。不同环境空间的种植设计应相应地反映出环境的性格。如游乐场的环境设计就同时包含了活泼、欢快、轻松甚至另类的性格；纪念性场所表现出崇高、沉静的氛围。在明确环境性格后，通过确定基调树种、骨干树种来烘托环境。

### 2. 确定种植风格

园林植物的景观艺术同其他文化艺术的创作一样，都有一个风格的问题。虽然因为植物本身是活的有机体，导致其风格的表现形式与形成的因素较为复杂。但是，确定鲜明的风格特色也是十分必要的。

一团花丛，一株孤树，一片树林，一组群落，都可从其干、叶、花、果的形态，反映于其姿态、疏密、色彩、质感等方面，而表现出一定的风格。如果再加上人们赋予的文化内涵——如诗情画意、社会历史传说等因素，就更需要在进行植物栽植时，加以细致而又深入的规划设计，才能获得理想的艺术效果，从而表现出植物景观的艺术风格来。以植物的生态习性为基础，创造地方风格为前提，是必须坚持的原则。

## 三、确定平面布局阶段

设计师经过前面两个阶段的工作之后，基本确定了种植区域。接下来的工作，主要考虑种植区域内部的初步布局，从平面上，更深入、更详细地对种植进行规划。具体考虑的内容有以下几方面。

（1）将种植区域细分为更小的种植片区。种植片区的大小、位置、数量等，充分考虑到未来景观效果。如果较远距离观看，重点在于整体效果，因此种植片区不宜过小，数量不宜过多；如果主要满足近距离观看，则需要强调局部效果，前景中的种植片区要小一些，数量也要增加，以便于实现丰富多彩的景观效果。当然，视线焦点的位置，要作为重要景点来布置（图6-2）。

（2）明确种植片区的植物特征。如背景林需要高大的常绿乔木、观叶的落叶灌木、开黄花的地被植物、水平开展型的乔木等。

## 四、确定立面构图阶段

种植区域平面的细分，划定了植物的种植位置，而更加直接影响景观效果的是以植物为主要元素所形成的景观立面（图6-3）。此阶段需要解

图6-3 别墅庭院种植立面意向图

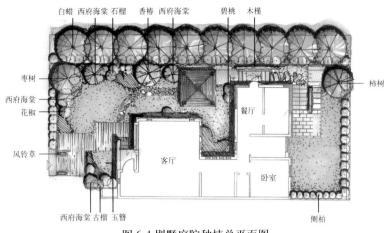

白蜡 西府海棠 石榴 香椿 西府海棠　　碧桃 木槿

枣树
西府海棠
花椒

风铃草

柿树

餐厅
客厅
卧室

西府海棠 古榴 玉簪　　　　　　侧柏

图6-4 别墅庭院种植总平面图

决的问题如下。

（1）按照艺术构图原理方法（对比与微差、韵律与节奏、尺度与比例、对称与均衡），确定立面中各个部位植物的体量、形状、色彩、质地等要求，并初步考虑符合要求的植物种类。

（2）突出画面的景观核心。构图中应以焦点景观为中心来组织画面，重点突出。

（3）整体景观的协调统一。立面构图必须在整体环境景观的背景中来考虑，寻求统一与变化的平衡。避免单调乏味，也不宜过于突变。

## 五、选择植物品种阶段

本阶段的主要任务是：

（1）按照种植设计的原则和树种规划与选择（参见本章第四节）的要求，确定本次种植设计可以选择的植物品种范围。

（2）根据功能分析、平面布局、立面构图的要求，确定符合条件的植物品种（图6-4）。

## 六、细化推敲完善阶段

（1）进一步从功能、内外空间关系、艺术效果等方面推敲已经形成设计合理性，使设计得到完善提升。可以由设计师本人从不同方面对设计方案进行推敲，也可以通过设计评审会方式，听取专家意见。

（2）进一步缩小植物可选范围，选择更适合的树种。可以重点从环境的栽培条件和养护条件等方面深入推敲，过滤之前不合理的意向树种。如所选植物是否满足环境光照条件、土壤条件和湿度条件；植物后期养护条件是否能够满足；植物落果是否会增加清理成本；不同树种之间是否容易产生病虫害等。如高速路的种植设计，因土壤贫瘠，

保水保肥能力较差，阳光强烈，水分难以满足，人工养护难度较多，植物选择上应该采用抗性较强，耐干旱耐贫瘠的树种，避免使用抗性差的品种，以减少日后养护的难度。

（3）完成种植设计图纸：选择好植物品种后，可以进入正式的设计表达阶段。首先完成方案阶段的种植设计，包括总平面图、局部设计图、局部效果图、立面图、剖面图等；方案批复之后，进一步完成种植设计施工图，包括种植平面图、局部详图、苗木表、施工说明等。

# 第三节　园林植物功能与运用

## 一、建造功能

所谓建造功能是指植物在环境中能够限制和组织各种空间的功能。空间是由地面、垂直面、顶平面构成，在室外环境中，以各种变换方式互相组合，形成不同的空间形式。在设计过程中，首要明确的是设计目的和空间性质，然后相应地选取所需植物，组织构成室外空间。园林植物的建造功能主要体现在限制空间、协同构成空间、屏障视线以及提供空间私密性等方面。

### 1. 限制空间

（1）开敞空间：园林设计中一般是指采用低矮灌木或地被植物围合形成的空间。开敞空间是外向型的、限定性和私密性较小、完全暴露于天空和阳光之下。它可以提供更开阔的视野和更多的景观；它强调空间与环境的交流、渗透、融合；它在心理效果上表现为开朗、活跃，在景观关系和空间性格上，是收纳性的和开放性的（图6-5）。

图6-5 低矮灌木围合形成的开放空间

（2）半开敞空间：该空间与开敞空间相似，它的一面或多面部分受到较高植物的封闭，限制了视线的穿透。半开敞空间开敞程度较小，其方向性指向封闭较差的开敞面。当空间部分需要隐秘、部分需要通透时，可采用半开敞空间（图6-6）。

图 6-6 植物围合形成的半开放空间

（3）封闭空间：空间被植物包围起来，在视觉、听觉方面具有很强的隔离性。在心理效果上表现为领域感、安全感、私密性（图 6-7）。

图 6-7 植物围合形成的封闭空间

（4）覆盖空间：空间顶部被浓密树冠覆盖而四周开敞的空间。在心理效果上表现为强烈的竖向感、凉爽感、明暗感（图 6-8）。

图 6-8 植物围合形成的覆盖空间

（5）垂直空间：垂直空间是由高而细的植物围合而成，空间侧面垂直、顶面开敞。在心理效果上表现为垂直感、仰望感（图 6-9）。

图 6-9 植物围合形成的垂直空间

（6）建立空间系列：利用植物材料作为空间的限制因素，构成相互联系的空间系列（图 6-10，6-11）。

### 2. 协同构成空间

（1）与地形相结合，强调或消除由于地平面上地形的变化所形成的空间。如果为了增强地形凸起部分的高度或凹地内的封闭感，最有效的办法就是将植物安排在地形的顶部(6-12)；与此相反，植物种植在凹地内的底部或周围斜坡上，地形所

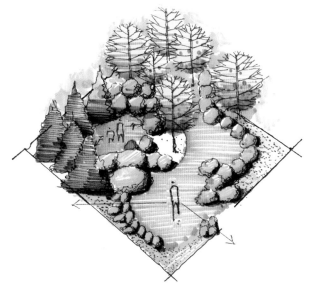

图 6-10 植物围合形成的空间系列一

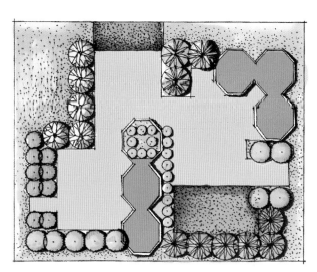

图 6-11 植物围合形成的空间系列二

图 6-12 植物种植在地形顶部

图 6-13 植物种植在地形凹部

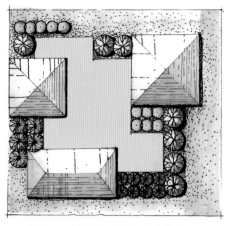

图 6-14 植物与建筑物结合的空间

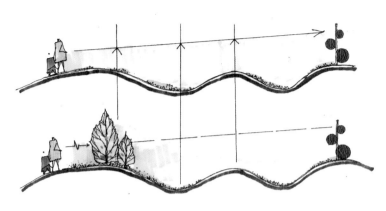

图 6-15 植物的障景功能

形成的空间将被减弱甚至消除（图 6-13）。

（2）与建筑物相结合，围合连接改变建筑物空间（图 6-14）。

### 3. 障景功能

通过植物材料控制视线，将美景收于眼里，而将俗物障之于视线之外（图 6-15）。

## 二、环境功能

所谓环境功能是指植物能够调节小气候、影响空气质量、防止水土流失、改良盐碱土等功能。在滨海盐碱地园林设计中，常利用耐盐碱植物改良盐碱土，即在重盐碱土中栽培各种专性盐生植物，如盐地碱蓬、滨藜等藜科植物，通过聚盐作用，吸取土壤盐分后移出土壤，从而达到降低土壤含盐量的目的；通过泌盐作用，盐分经盐腺分泌排出体外或分泌贮盐细胞中，也能起到土壤脱盐的作用，如柽柳、二色补血草等。还可以引种栽培许多种耐盐植物，构建海防林、兴建滩涂草坪、创建公园绿地等。

盐生植物对过量盐类的适应程度不同可分为 3 类：

一类为聚盐性植物。可从土壤中吸收大量的可溶性盐，积聚在体内而不受害，如盐地碱蓬、海蓬子、盐角草等（图 6-16）。

二类为泌盐植物。它们吸收的盐分不积累在体内而是通过茎叶泌腺把过多的盐分排出体外，逐渐被风吹或雨露淋洗掉，如柽柳、互花米草、大米草等（图 6-17，6-18）。

三类为拒盐性植物。其根细胞透过性小，不吸收或很少吸收盐类，所以又称为抗盐植物，如蒿属、田菁等（图 6-19）。

## 三、观赏功能

所谓观赏功能是指植物的外表特征，如形态、色彩、果实、质地等，能带给人们欣赏的感受。对于赏景者来说，植物景观的观赏特性是十分重要的。因此，从某种意义上来讲，某些植物景观的观赏性甚至超过了它的生态性或科学性。

图 6-16 植物改良盐碱土的应用——盐地碱蓬

图 6-17 植物改良盐碱土的应用——在海泥吹填土上种植水稻

图 6-18 植物改良盐碱土的应用——在海岸海泥土上生长
的大米草和狐米草

图 6-19 植物防海浪、护堤的应用——田菁

### 1. 植物大小

植物大小即植物三维所占据的空间大小，是植物最重要的观赏特性之一，它直接影响着空间范围、结构关系以及设计构思与布局。可以说植物大小是种植设计布局的骨架，它直接关系着园林景观空间的占据与划分，也关系到园林景观建造的时效与经济性问题。

（1）设计必须考虑植物大小的两个方面：植物大小要素是一个具有变化特性的要素，所以植物设计上必须从两方面来考虑，一是植物成熟时的大小，二是植物初植时的大小。

植物成熟时的大小是植物配置过程中进行空间效果布局设计的主要依据。设计师必须依据植物成熟时的大小处理植物与环境，植物与植物间的空间协调关系。植物成熟时的大小问题其实涉及的是植物品种选择与配置问题。也就是说，在进行植物景观品种设计时，主要依据植物成熟时的大小来确定某个植物是否在大小上满足其景观设计要求。衡量植物大小的参数一般有 3 个：高度、幅度和干径（如果有的话）。自然情况下，这 3 个参数之间按照品种不同，有自己的相关比例关系。通常情况下，在植物景观配置设计中，幅度和高度的重要性要比干径大得多。

植物初植时的大小是关系到及时效果要求、经济性及植物本身的特性的设计问题。如果可能的话，植物初植时的大小最好设计成植物成熟时的大小。这样能最大限度地满足及时效果的要求。但现实中可操作性不高，而且违背生态性和经济性原则。从美学观点来说，及时效果并非完全由植物的绝对大小来决定，更多地由植物的群体构成，植物间协调性，个体完整性等诸多因素决定。比如说，用特别大的植物与特别小的植物组合在一起通常没有绝对尺寸不大但大小分布比较集中

的植物组合来得美观。

（2）确定植物初植时大小的一些最基本技巧：①尽量保持自然完整形状的植株：当现实中由于运输原因，植物冠幅尺寸限制在 4m 左右时，由这个尺寸所反推的植物在自然状态下的植株径阶大小就是初植时大小设计中的上限。②植物群体大小的构成：在确定了初植时的大小的上限后，其他植物的大小尽量不要与这个植物上限差距太大，某种类型的植物（如乔木）处于主导地位时，大小分布尽量集中。③植物间的大小协调对效果非常重要，无论是水平空间还是垂直空间都可用群植和渐变达到这个目的。④增加和人体高度相近的灌木植物的数量能一定程度起到满足及时效果的作用。⑤任何时候，不要企图用减小规格而增加数量的方法来达到及时效果的目的。⑥应用背景和点景加强的方法可以一定程度从美学角度解决及时效果问题。

植物本身的特性对植物大小和应用有一定的影响，比如说植株生长快的，初植规格可适当小些；有些植株生长慢的，规格可以适当大些；甚至将某些生长特别慢的乔木当灌木来用；必要的话，可以通过修剪、平茬萌发的方式来控制植物的大小。

（3）植物大小分类。植物的大小可分为以下 6 类：①大中型乔木（图 6-20）：成熟期高度 9m 以上，如槐树、法桐、毛白杨等。大中型乔木在空间中可作为主景树，但在小花园设计中宜慎用；大中型乔木在分隔建筑物空间或开阔的空间方面，极为有用；大中型乔木在景观中还被用来提供阴凉；在设计中一般要先确定大中型乔木位置，然后确定小乔木及灌木位置。②小乔木（图 6-21）：成熟期高度 4.5 ～ 6m，如西府海棠、紫叶李等。小乔木能从垂直面和顶平面限制空间，也可以作为焦点和构图中心。③高灌木（图 6-22）：成熟期高度 3 ～ 4.5m，如山桃、樱花、接骨木等。高灌木也

可以被用来作视线屏障和私密控制之用。为突出放置于前面的景观植物或雕塑时，高灌木可以作为天然背景。④中灌木（图6-23）：植物高度在1～2m，如连翘、紫薇、珍珠梅等。中灌木在构图中起到高灌木或小乔木与低矮地被植物的视线过渡作用，一般群植时景观效果较好。⑤矮灌木（图6-24）：植物高度0.3～1m，如迎春、棣棠、红瑞木等。矮灌木没有明显高度，通常在不遮挡视线情况下限制或分隔空间；矮灌木在构图上具有连接其他不相关因素作用；种植设计时，为避免破坏整个布局的整体性，不宜过多使用琐碎的矮灌木。⑥地被植物（图6-25）：通常把低矮、攀缘的植物称为地被植物，其高度一般不超过50cm。在

园林设计中，地被植物应用十分广泛。地被植物可划分不同形态的地表面，构成有趣的边缘线，同时暗示着空间的边缘。当空间中的景观要素在视线上显得孤立时，地被植物能发挥统一协调的作用。在不宜种植草皮的地方提供下层植被，与草坪相比，可降低后期养护成本。

**2. 植物形态**

植物形态是指植物单株或群体的外形轮廓。

（1）植物形态的基本类型及景观感受：植物外形基本类型为纺锤形、圆柱形、水平展开形、圆球形、尖塔形、垂枝形和特殊形等。

纺锤形（图6-26）：这类植物形态细窄长，顶部尖细。如钻天杨、侧柏等。纺锤形植物通过引

图 6-20　大型乔木　　　　　　　　　　　　　图 6-21　小型乔木

图 6-22　高灌木

图 6-23　中灌木

图 6-24　矮灌木　　　　　　　　　　　　　图 6-25　地被植物

导视线向上的方式，突出空间的垂直面。因此在空间中的景观感受是垂直感和高度感，易成为视线焦点。

圆柱形（图6-27）：这类植物除了顶是圆的外，其他形状都与纺锤形相同。如紫杉、槭树等。设计用途同纺锤形。

水平展开形（图6-28）：这类植物具有水平方向生长习性，植物宽和高几乎相同。如山楂、合欢、二乔玉兰、红叶桃等。水平展开形植物会引导视线沿水平方向移动，因此，在空间上的景观感受是宽阔感和外延感。

圆球形（图6-29）：这类植物具有明显的圆环或球形形状。如：鸡爪槭、馒头柳、栾树和人工修剪成球形的植物等。球形植物在引导视线方面无方向性，也无倾向性，因此，在整体构图中不会破坏设计的统一性，往往能起到调和其他不同形体植物的作用。

尖塔形（图6-30）：这类植物外观呈圆锥状，整个形体下宽上尖。如云杉属、雪松、圆柏等。尖塔形植物外形分明而突出，因此，与尖塔形构筑物或是高耸的山巅相呼应，效果较好。

垂枝形（图6-31）：这类植物枝条悬垂或下弯。如垂柳、龙爪槐、龙爪柳、垂枝桃等。垂枝形植物能起到将视线引向地面的作用，因此，在水边或种植池边多应用这类植物。

特殊形（图6-32）：这类植物造型奇特，形状

图 6-26 纺锤形植物

图 6-27 圆柱形植物

图 6-28 水平展开形植物

图 6-29 圆球形植物

图 6-30　尖塔形植物

图 6-31　垂枝形植物　　　　　　　　　图 6-32　特殊形植物

千姿百态。如造型油松、造型女贞等。由于其形态特殊，适合作为孤赏树，布置在突出的位置上，构成景观的焦点。

（2）景观设计中，运用植物形态的一些技巧：① 当重复使用一种形态的植物时，一种景观形体效果即可创立。但不宜过度重复，造成人工化痕迹过重，景观也变得单调无趣。② 不同形态的植物通常用法不同。如圆形的灌木和乔木常用来柔化一座房子的竖直侧面；低矮形态的植物通过从植物面慢慢下降形成一种将建筑物锁扣在地的感觉；圆柱状植物直觉上让你往上看，而低矮蹲伏的植物会让你视线往下看；特殊形状的植物，常作为一个孤植而不是群植来使用，并且背景越是平淡，其特点衬托得越是明显。③ 整体把握植物形态的协调问题。形态差别很大的植物，种植在一起很不协调，如垂柳与龙柏。形态较特殊植物，跟别的植物很难搭配，适宜单独配置，比如说垂枝类植物、特殊型植物等；有的植物很容易跟别的植物搭配，如大多数松树，草类等。④ 植物在形态要

素上不仅要协调，还要有变化，而变化最好的方式是采用渐变式。剧烈的变化，除非有足够的空间间隔，否则会导致不协调。

**3. 植物色彩**

植物的色彩通过树叶、花朵、果实、枝条及树皮等呈现出来。对于景观设计者来说，要想运用好植物色彩这一观赏特性，必须很好掌握各种植物不同季节时令的叶色、花色等，把同时开花的花色及其色彩构图的组合记录下来，从简单的组合，到复杂的组合，按不同的季节记录下来，便于设计时应用。

（1）植物色彩的主要功能：① 颜色可以改变真实物体的三维视觉大小，引导人们的视线，增加园林景观深度。亮色调如红、黄、橘红，使物体显得更显眼突出，使物体视觉上趋近。冷色调如绿色、蓝色和紫色，让物体视觉上趋远。灰色、黑色与白色属中性色彩，最适宜做亮色调的背景底色。白色则是最富功能性的色调，在不同的环境中表现不同：在全光条件时，灿烂而清新；在照度很低时，则具

有神秘感。深色调低沉富有情感，而灰色比较轻松柔和。② 颜色可以用来引导人们的视线到一个特定区域,冷色调中的亮色调很容易吸引人们的眼球。如果要增加景观深度,可以用质地细致亮色调的物体作黑色和质地粗糙物体的背景。对于暖色调,必须按照一定的顺序使用,色调必须依次平和渐变,如从红到橘红再到黄色。③ 植物的色彩影响着空间的气氛和情感,常被看做是情感的象征。

（2）植物色彩构图的处理方法:有关植物色彩构图的处理方法,常用的有以下几种。① 单色处理。以一种色彩为表现主景,景观感受为单纯、大方、宁静、豪迈、有气魄等。② 多色处理。景观群体运用多种多样的色彩,强调色相和明暗的对比,景观感受为生动活泼。③ 对比色处理。景观表现为色彩明暗的强烈对比。景观感受为兴奋突出、失调、刺目。④ 类似色和渐变色处理。从一种颜色逐渐变到另一种颜色的深浅色处理,明暗变化和缓。景观感受为柔和、安静。

（3）景观设计中,运用植物色彩的一些技巧:

第一,从一个作品整体来说,要获得和谐的颜色配置,首先必须有一个占统治地位的主色调,一般称之为底色或背景色。如果没有特别要求,主色调一般是绿色,特殊情况下,淡黄色、白色、灰色乃至黑色也可。背景色既可是立面上的也可是平面上的,平面与立面色彩背景在植物景观的不同发展阶段,重要性略有差异,在新建成的植物景观中,平面背景会相对重要一些,而等植物长大后立面背景会逐渐重要一些。在植物配置的硬质背景中,黄色、白色、灰色乃至黑色比较常见。

背景颜色十分重要,既可以利用背景色来保持作品在颜色上的统一性,也可以利用背景颜色来影响植物的配置效果。如地面用草坪作背景在一定程度上会淡化地面上植物的效果,而用树皮和沙石等几种材料做地面背景,就会突出地面植物的效果。

第二,要使作品富有趣味,引人瞩目,色彩的变化是十分重要的,并且这种色彩变化是根据视线角度变换需求来配置的:在主入口与过道地方,宜用暖色调,以示欢迎并获得舒适感;而在狭小的空间里,为使空间显得大而开阔,宜用冷色调;如果要增加园林景观深度,可以用质地细致亮色调的植物作黑色和质地粗糙的植物的背景;如果要获得宁静安详的空间,不妨多用冷色调;如果需要获得活泼的空间,宜多用暖色调;如果要增加景观幽远中的奇趣,可以冷色调作背景,而点缀少量暖色调花卉。

第三,颜色的变化有时间上和空间上的双重特性。相对来说,时间上的颜色变化比空间上的颜色变化来得有趣。某些空间上的固定颜色模式,比如说色块,其实就跟硬质景观的上漆一样,是僵硬的空间变化,它会丢失掉植物配置本身的意趣。比如,植物本身叶、花四季的色调变化,与预先设置的空间上的固定颜色变化模式相比,要有趣得多。关于颜色变化,除非是想获得绚丽多彩的野花组合,否则色调的变化宜点到为止,不宜过多过乱。

植物景观配置的颜色一定要与环境背景颜色结合起来统一考虑。由于植物的变化特性,一定要在变化中,搞清楚需要突出的主要色彩。比如说,在黄颜色墙体前面栽植一排蜡梅,设计者显然是为了蜡梅冬花为主要景点,但墙体背景的黄颜色使得淡黄色的蜡梅花趋于隐形。另外,要注意不要让背景的颜色喧宾夺主,从而使得被衬托的颜色不显眼。

与其他特性不一样,颜色最好使用补充色或对比色以获得最佳效果。

更重要的是,不要希望用颜色来作为唯一表达方式,它必须跟其他要素特征一起来表达。

（4）植物色彩表现:叶片色彩（表6-1,6-2,6-3,6-4;图6-33,6-34,6-35,6-36）。树叶的主要色彩呈绿色,绿色中也呈现出深绿、浅绿的变化。除绿色之外,树叶还表现出其他几乎所有的色彩,相对较多的是黄色系和红色系。以下是华北地区不同季节主要园林彩叶植物统计表。

花朵色彩（表6-5,6-6,6-7,6-8;图6-37,6-38,6-39,6-40,6-41）。植物花朵色彩丰富,能够给人留下强烈印象。景观设计中运用花木和

表 6-1　春季各色系观叶园林植物（1月1日～3月31日）

| | 深绿色 | 中绿色 | 浅绿色 | 红色系 | 黄色系 | 其他色系 |
|---|---|---|---|---|---|---|
| 乔木 | | | 垂柳、金丝垂柳、绦柳、馒头柳 | | | |
| 灌木 | | | | | | |
| 花卉 | | | | | | 多色:羽衣甘蓝 |

表 6-2　夏季各色系观叶园林植物（4 月 1 日～ 6 月 30 日）

|  | 深绿色 | 中绿色 | 浅绿色 | 红色系 | 黄色系 | 其他色系 |
|---|---|---|---|---|---|---|
| 乔木 | 毛白杨、新疆杨、加杨、白蜡、臭椿、千头椿、泡桐、楸树、枣树、构树、桑树 | 合欢、七叶树、垂柳、绿柳、馒头柳、青桐、法桐、银杏、鹅掌楸、国槐、榆树、栾树 | 刺槐、丝棉木、雪柳 | 红叶椿、美国红蜡 新叶红色：臭椿、香椿 | 金枝槐、金叶榆、金叶白蜡、金枝白蜡、金叶复叶槭 |  |
| 灌木 | 石榴、大叶黄杨、锦熟黄杨、黄杨 | 山楂、棣棠、日本小檗、木槿、碧桃、山桃、珍珠梅、西府海棠、紫荆、六道木、金银木、丁香 | 女贞、水蜡、小蜡 | "红宝石"海棠、红叶李、红叶桃、红瑞木、美国红栌 | 金叶接骨木、金叶女贞、金焰绣线菊、金叶风箱果、金叶莸 | 紫叶稠李、紫叶风箱果、紫叶矮樱、紫叶小檗 |

表 6-3　秋季各色系观叶园林植物（7 月 1 日～ 9 月 30 日）

|  | 深绿色 | 中绿色 | 浅绿色 | 红色系 | 黄色系 | 其他色系 |
|---|---|---|---|---|---|---|
| 乔木 | 毛白杨、新疆杨、加杨、白蜡、臭椿、千头椿、泡桐、楸树、枣树、构树、桑树 | 合欢、七叶树、垂柳、绿柳、馒头柳、青桐、法桐、银杏、鹅掌楸、国槐、榆树、栾树 | 刺槐、丝棉木、雪柳 | 红叶椿、美国红蜡 | 金叶槐、金枝槐、金叶榆、金叶白蜡、金枝白蜡、金叶复叶槭 | 银白色：秋胡颓子 |
| 灌木 | 石榴、大叶黄杨、锦熟黄杨、黄杨 | 山楂、棣棠、日本小檗、木槿、碧桃、山桃、珍珠梅、西府海棠、紫荆、六道木、金银木、丁香 | 女贞、水蜡、小蜡 | 美国红栌、红叶李、红叶桃、'红宝石'海棠 | 金叶接骨木、金叶女贞、金焰绣线菊、金叶风箱果、金叶莸 | 紫叶矮樱、紫叶小檗 |
| 花卉 |  |  | 狼尾草、常夏石竹 | 紫叶美人蕉 | 金叶薯 | 四季秋海棠、银叶菊（白色系） |

表 6-4　冬季各色系观叶园林植物（10 月 1 日～ 12 月 31 日）

|  | 深绿色 | 中绿色 | 浅绿色 | 红色系 | 黄色系 | 其他色系 |
|---|---|---|---|---|---|---|
| 乔木 | 龙柏、桧柏、侧柏、雪松、白皮松、华山松、黑松 |  | 早园竹 | 臭椿、香椿、千头椿、五角枫、茶条槭、枣树、柿树 | 银杏、白蜡、洋白蜡、绒毛白蜡、法桐、栾树、元宝枫 |  |
| 灌木 | 锦熟黄杨、黄杨、大叶黄杨 |  | 女贞、水蜡、小蜡 | 黄栌、构骨、火炬树、扶芳藤、南蛇藤、爬山虎、美国地锦 |  |  |
| 花卉 |  |  |  |  |  | 羽衣甘蓝 |

图 6-33　绿色系观叶植物及造景

图 6-34 红色系观叶植物及造景

图 6-35 黄色系观叶植物及造景

图 6-36 花叶系观叶植物及造景

表 6-5 春季开花的各色系植物（1 月 1 日～3 月 31 日）

|  | 红色系 | 粉色系 | 黄色系 | 白色系 | 紫色系 | 其他色系 |
|---|---|---|---|---|---|---|
| 乔木 |  |  |  |  |  |  |
| 灌木 | 日本早樱、梅花 | 梅花、山桃 | 腊梅、迎春、连翘、金钟连翘 | 山桃 |  |  |
| 花卉 |  |  |  |  |  | 寒菊 |

表 6-6 夏季开花的各色系植物（4 月 1 日～6 月 30 日）

|  | 红色系 | 粉色系 | 黄色系 | 白色系 | 紫色系 | 其他色系 |
|---|---|---|---|---|---|---|
| 乔木 | 江南槐、红花刺槐、垂丝海棠（玫瑰红色）、大山樱、红花碧桃 | 楸树、粉花碧桃、海棠花、西府海棠、樱花、东京樱花、日本晚樱、多花栒子、木瓜海棠 | 梓树、栾树、鹅掌楸 | 刺槐、白花泡桐、黄金树、苹果、山荆子、白梨、杜梨李、稠李、紫叶李杏、白玉兰、白花碧桃、山楂、流苏树、白花垂丝海棠、梨花海棠、文冠果、樱桃、东京樱花、海棠果 | 楝树、紫花泡桐 | 望春玉兰、二乔玉兰 |
| 灌木 | 榆叶梅、碧桃、杜鹃花、锦带花、火炬树、红海棠、玫瑰、柽柳、黄栌、贴梗海棠、海棠花、垂丝海棠、杜鹃、石榴、月季、玫瑰、锦鸡儿、金雀儿 | 郁李、麦李、猬实、贴梗海棠、锦带花、海仙花、牡丹、粉团蔷薇、月季、玫瑰 | 黄刺玫、棣棠、树锦鸡儿、小叶锦鸡儿、东北茶藨子 | 暴马丁香、北京丁香、白丁香、糯米条、六道木、金银木、四照花、毛樱桃、笑靥花、珍珠花、荚蒾、天目琼花、欧洲琼花、鸡麻、绣线菊、白花锦带花、白刺梅、红瑞木、风箱果、稠李、溲疏、大花溲疏、小花溲疏、红瑞木、六道木、金银木、野蔷薇、玫瑰、金银花 | 紫玉兰、紫丁香、紫荆、紫藤、榆叶梅、紫穗槐、杠柳、牡丹 | 蓝丁香、多色：蔷薇、月季、玫瑰 |
| 花卉 | 一串红、荷包牡丹 | 粉三叶 | 金盏菊、德国鸢尾、黄菖蒲 | 白三叶、荷包牡丹 | 二月兰、马蔺、鸢尾、鼠尾草、一串紫 | 多色：矮牵牛、三色堇、雏菊、牡丹、芍药、耧斗菜、郁金香、春菊、野花组合 |

表 6-7 秋天开花的各色系植物（6 月 1 日～9 月 30 日）

|  | 红色系 | 粉色系 | 黄色系 | 白色系 | 紫色系 | 其他色系 |
|---|---|---|---|---|---|---|
| 乔木 | 合欢 |  | 栾树、青桐 | 槐树、龙爪槐、蝴蝶槐、糠椴、蒙椴 | 紫花槐 |  |
| 灌木 |  | 柽柳 |  | 珍珠梅、太平花、白花醉鱼草、接骨木、海州常山、紫珠、海州常山、凤尾兰 | 紫花醉鱼草、胡枝子、杭子梢、金叶莸 | 橘红：凌霄、美国凌霄 多色：紫薇、木槿、石榴、月季、大花秋葵、蜀葵 |
| 花卉 | 美人蕉、一串红 | 假龙头、波斯菊、石竹、常夏石竹、粉八宝 | "金娃娃"萱草、大花萱草、蓍草、美人蕉、黑心菊、金鸡菊、地被菊、万寿菊、向日葵、菖蒲、萍蓬莲、荇菜 | 铁线莲、玉簪、狼尾草、桔梗、泽泻、慈姑 | 千屈菜、荷兰菊、紫菀、紫松果菊、紫露草、毛地黄、落新妇、穗花婆婆纳、凤眼莲 | 天人菊（撞色）、香蒲（红棕色蒲棒） 多色：宿根福禄考、美女樱、翠菊、夏菊、千日红、百日草、金鱼草、野花组合、荷花、睡莲 |

表 6-8 冬季开花的各色系植物（9 月 1 日～10 月 31 日）

|  | 红色系 | 粉色系 | 黄色系 | 白色系 | 紫色系 | 其他色系 |
|---|---|---|---|---|---|---|
| 乔木 |  |  |  |  |  |  |
| 灌木 |  |  |  | 凤尾兰 |  | 多色：月季 |
| 花卉 | 鸡冠花、一串红 |  | 黑心菊 |  |  | 矮牵牛、秋菊、千日红、百日草 |

图 6-37 红色系观花植物及造景

图 6-38 粉色系观花植物及造景

图 6-39 黄色系观花植物及造景

图 6-40　白色系观花植物及造景

图 6-41 紫色系观花植物及造景

花卉材料时，需要把握地域性植物花期，为了发挥最大的艺术效果，还必须注意配色的运用。如紫藤与黄刺玫组合的补色对比，使得色彩效果更加强烈。大红的美人蕉与蓝色的八仙花的邻补色对比，能得到活跃的色彩效果。夏季炎热，可多利用开蓝花或紫花的冷色花卉植物，寒冷地带，春秋宜用暖色花卉植物。白色花卉和花木，在观赏植物上所占比重较大；在暗色调中，混入大量白花可使色调明快起来；暖色花卉或冷色花卉中混入白色花卉，不会改变其冷暖感。

果皮色彩。果实的颜色有较大的观赏意义，尤其在秋季，硕果累累的丰收景色，充分显示了果实的色彩效果。不同树种的果实，其果色不同。

红色系果实（图6-42）：小檗类、山楂、冬青、枸杞、花楸、樱桃、毛樱桃、郁李、枸骨、金银木、

图 6-42 红色系果皮植物

图 6-43 黄色系果皮植物

图 6-45 黑色系果皮植物

图 6-46 白色系果皮植物

图 6-44 蓝紫色系果皮植物

柿、石榴等。

黄色系果实（图 6-43）：银杏、梅、枸橘、梨、木瓜、贴梗海棠、沙棘等。

蓝紫色系果实（图 6-44）：紫珠、葡萄、李、蓝果忍冬等。

黑色系果实（图 6-45）：小叶女贞、水蜡、黑果绣球、常春藤、金银花等。

白色系果实（图 6-46）：红瑞木、雪果等。

树皮色彩。园林植物的树皮颜色也比较丰富，在设计上利用树木枝干所特有的色彩，极大地丰富了园林景观效果。枝干色彩主要有以下类型：

绿色系枝干（图 6-47）：青桐、棣棠、鸡麻等。

红色系枝干（图 6-48）：山桃、红瑞木等。

白色系枝干（图 6-49）：白桦、毛白杨等。

图 6-47 绿色系枝干植物

图 6-48 红色系枝干植物

图 6-49　白色系枝干植物

图 6-50　黄色系枝干植物

图 6-51　褐色系枝干植物

图 6-52　多色系枝干植物

黄色系枝干（图 6-50）：金枝国槐、金丝垂柳等。

褐色系枝干（图 6-51）：白蜡、槐树、合欢多数植物属于此类。

多色系枝干（图 6-52）：白皮松、法桐等。

#### 4. 植物质地

植物质地是指单株植物或群体植物直观的粗糙感和光滑感。其影响因素主要有：叶片大小、枝条长短、树皮的外形、植物的综合生长习性，以及观赏植物的距离等。

（1）根据植物的质地在景观中的特性及潜在用途，通常将植物质地分为 3 种：粗壮型、中粗型及细小型。

粗壮型（图 6-53）：通常由大叶片、浓密而粗壮的枝干以及疏松的生长习性而形成。如泡桐、法桐、玉兰、马褂木等。这类植物观赏价值高、在景观中较为突出，容易吸引观赏者注意力。

中粗型（图 6-54）：通常是指中等大小叶片、枝干以及具有适度密度的植物。如槐树、栾树、海棠类植物等。中粗型植物在种植成分中占最大比例，成为植物设计的基本结构。

细小型（图 6-55）：通常是指小叶片、微小细弱小枝以及整齐密集的植物。如小叶黄杨、鸡爪槭、合欢、皂荚、白榆等。细小型植物常用于狭小的园林空间，产生空间比实际大的幻觉；同时，也能使空间产生幽静文雅之感。

（2）关于植物质地在设计中的应用，需要注意以下几点。

第一，植物质地变化特性。落叶植物中，质地随季节而变。常绿植物全年质地基本相似。植物的质地会随着植物的生长而发生变化，大多数植物的质地层次会随着植物长大而提高。

第二，植物质地与视距关系。一般说来，粗壮型的质地易于察觉，能够远距离施加视觉影响。

图 6-53　粗壮型植物

图 6-54 中粗型植物

图 6-55 细小型植物

但当近距离观察时则丢失这种视觉效果；细小型质地不宜远距离察觉，因为它很容易混入背景之中，但是近观时，则有许多有趣点显现出来。如果用细小型植物做背景，而用粗糙植物作前景，植物景观必定显得深远，更有价值的是空间显得更大。

第三，要统一中寻求变化。质地过度一致会导致单调，但也要避免过多变化带来的杂乱感。质地变化最好采用渐变方式。

第四，要重视强调整体气质。植物与环境间的质地要求融合相配；相邻植物的质地不能相差太大，否则会极不协调。比如，在空间比较狭小的建筑环境中，如高档别墅区，大量使用大叶黄杨、法桐等质地粗糙的植物时，空间就会显得很压抑，整体气质难以协调，也降低了别墅的档次。

## 四、美学功能

植物的美学作用，不仅仅体现在美化和装饰材料的意义上，确切地说，植物除景观中的造景作用以外，还具有以下美学作用。

### 1. 完善作用

园林植物具有形态、色彩、质地等方面的多样性，能够为较好地使建筑或构筑物在外形轮廓、空间等方面，更好地与环境相融合。起到完善某项设计和为设计提供统一性的作用（图 6-56）。

### 2. 统一作用

当环境中不同的要素在视觉上显得零乱时，常可以运用园林植物将这些要素连接起来，形成统一协调的整体景观（图 6-57）。

图 6-56 植物的完善作用

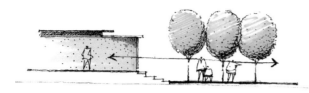

图 6-57 植物的统一作用

### 3. 强调作用

在环境中，当需要突出或强调某些特殊景物，使其显而易见、容易被认识或辨明时，可借助植物的大小、形态、色彩等显著特性来实现（图 6-58）。

### 4. 软化作用

园林植物的形态和质地柔和，可以软化或减弱户外空间中形态粗糙及僵硬的构筑物。被植物柔化的空间，比没有植物的空间更诱人，更富有人情味（图 6-59）。

### 5. 框景作用

借用园林植物大量叶片、枝干，封闭遮挡景物两旁的视线，同时为景物本身提供开阔的、无阻拦的视野，从而达到将观赏者的注意力集中到景物上的目的。景物如同照片，植物如同相框，实现一幅幅美丽的风景画。此外，通过框景作用，植物对展现景观的空间序列，也具有直接的作用（图 6-60）。

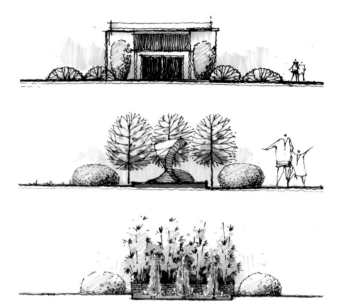

图 6-58 植物的强调作用

# 第四节
# 种植设计基本形式与运用

园林绿地的形式，依据地形地貌、水体、建筑、道路广场、种植设计及其他小品设施的特点不同，可以分为 3 大类：规则式、自然式和混合式。种植设计的基本形式与园林绿地的形式密切相关，也可分为相同的 3 种类型。

## 一、自然式种植形式

### 1. 种植设计特点

种植不成行列式，以自然的树丛、树群、树带来区划和组织园林空间，体现自然界植物群落

图 6-59 植物的软化作用

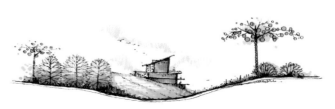

图 6-60 植物的框景作用

的自然之美。树木配植以孤植、丛植、群植、树林为主；花卉布置以花丛、花群为主，不用模纹花坛；不用规则修剪的绿篱；树木整形不作建筑鸟兽等体形模拟，而以模拟自然界苍老的大树为主。

### 2. 种植设计运用

（1）孤植：指乔木的孤立种植类型。有时在特定的条件下，也可以是 2 ~ 3 株，紧密栽植，组成一个单元。但必须是同一树种，远看起来和单株栽植的效果相同。孤植树作为主景是用以反映自然界个体植株充分生长发育的景观，外观上要挺拔繁茂，雄伟壮观。 孤植树种植的位置主要取决于与周围环境的整体统 ，可以种植在开朗的草地、河边、湖畔，也可以种植在高地、山冈上，还可以种植在公园前广场的边缘以及园林建筑组成的院落中（图 6-61）。

（2）丛植：通常是由 2 株到十几株乔木或乔灌木组合种植而成的种植类型。配置树丛的地面，可以是自然植被或是草地、草花地，也可以配置山石或台地。树丛可以分为单纯树丛及混交树丛两类。庇荫的树丛最好采用单纯树丛形式，一般不用灌木或少用灌木配植，通常以树冠开展的高人乔木为主。而作为构图艺术上主景、诱导、配景用的树丛，则多采用乔灌木混交树丛。树丛作为主景时，宜用针阔叶混植的树丛，观赏效果特

图 6-61 孤植树的应用

别好，可配置在大草坪中央、水边、河旁、岛上或土丘山冈上，作为主景的焦点。丛植的配植形式有：二、三、四、五、六、七、八、九株等树丛的配合。

第一，二株树丛的组合。在构图上强调统一与变化，调和与对比。设计时，常选用同种或相似树种但在大小上、姿态上、动势上有显著差异的两棵树，紧密地栽植在一起，或顾盼、或向背、或俯仰、或争让，给人生动活泼，默默有情之感（图 6-62）。

第二，三株树丛的组合。要求 3 株树为同一树种，或外观相似的两个树种来配合，最多不宜超过两个树种。树木的大小、姿态要有对比和差异。树木之间栽植距离不要相等，种植点连线形成的三角形宜为不等边的钝角三角形（图 6-63）。最小

图 6-62 两棵松树树丛平面图、立面图

图 6-63 3 株树丛配合平面图

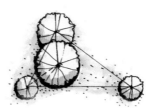
图 6-64 单一树种的组合类型

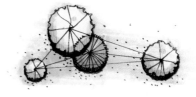
图 6-65 两种树种的组合类型

树一般种植在钝角顶点，并与最大树靠近，中间大小的树木种植在距离小树较远的顶点。如果有两个树种，最大和最小树应为一个树种。

第三，四株树丛的组合。要求全部为同一树种，或最多只能应用两种不同树种，而且必须同为乔木或同为灌木。树种在大小上、姿态上、高矮上、距离上要有对比和差异。植物配置组合时，总体上分为3株和一株两组，但树种相同与树种不同时，不同大小的树木平面位置有所不同（图6-64，6-65）。

第四，五株树丛的组合。五株树配合要求5株为同一个树种，或者3株为同一树种，两株为另一种相似的树种。需选择5株在大小上、姿态上、高矮上要有对比和差异的苗木。5株为同一个树种的最佳分组方式为3株组与2株组，3株组的组合方式与3株树丛配合相同，两株组的组合方式与两株树丛配合相同（图6-66）。为实现最佳效果，最大的一株必须分在3株的一组，同时，两组之间要有协调、对比、均衡的构图之美。5株为两个树种的最佳分组方式也为3株组与2株组，同一

个树种不宜配置在同一小组，3株的小组又可分为2株组和1株组（图6-67）。5株树的配合分组方式还有4株组与1株组，但实践中应用要少一些。

第五，六株以上树丛的组合（图6-68）。树木的配植组合，株数越多就越复杂，6株以上树丛的配置是以2株、3株、4株、5株树木的配置组合为基础的。配植的关键是调和与对比的统一。

六株树丛：同为乔木或同为灌木的理想分组为4株和2株；乔灌木组合时的分组为3株和3株。

七株树丛：理想分组为5株和2株，或4株和3株，树种不宜超过3种。

八株树丛：理想分组为5株和3株，或6株和2株，树种不宜超过4种。

九株树丛：理想分组为6株和3株，或5株和4株，树种不宜超过4种。

（3）群植。群植是由多数乔灌木（一般在20～30株以上）混合成群栽植而成的类型（图6-69）。

树群可以分为单纯树群和混交树群两类。单纯树群由一种树木组成，可以应用宿根性花卉作

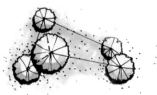

图 6-66 同一树种的分组组合方式

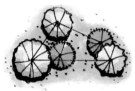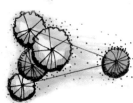

图 6-67 两个树种的分组组合方式

图 6-68 六株树丛的分组组合方式

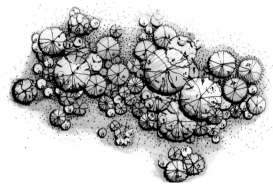

北京树群设计示意图

1. *Populus cathayana* 青杨 4 株　2. *Acer truncatum* 平基槭 6 株
3. *Gatadgus pinuatifolia* 山楂 8 株　4. *Pinus bungeana* 白皮松 6 株
5. *Prunus persica* var. *alba-plena* 白碧桃 6 株　6. *Pruns persica*, var. *yubra-plena* 红碧桃 11 株　7. *Sorbaria sorbilolia* 珍珠梅 15 株
8. *Lonicera japonica* 忍冬 27 株　9. *Lonicera maximouliczii* 紫枝忍冬 13 株　10. *Prunus trilobata* var. *pdtzoldii* 重瓣榆叶梅 29 株

图 6-69 树木群植平面示意图

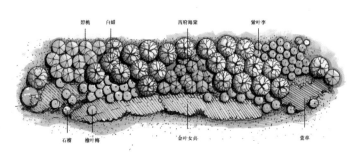

图 6-70 树木林带式种植平面示意图

为地被植物。树群的主要形式是混交树种。混交树种群分为5个部分，即乔木层、亚乔木层、大灌木层、小灌木层及多年生草本植被。作为第一层乔木，应该是阳性树，第二层亚乔木可以是半阴性的，而种植在乔木庇荫下及北面的灌木则是半阴性、阴性的。喜暖的植物应该配植在树群的南方和东南方。

树群所表现的，主要为群体美，树群也像孤立树和树丛一样，是构图上的主景之一。树群应该布置在有足够距离的开敞场地上，如靠近林缘的大草坪；宽广的林中空地；水中的小岛屿；宽阔水面的水滨；小山的山坡、土丘等地方。树群主立面的前方，至少在树群高度的4倍、树宽度的1.5倍距离上，要留出空地，以便游人欣赏。树群的外貌要高低起伏有变化，要注意四季的季相变化和美观。

（4）林带（图6-70）：林带在园林中用途很广，可屏障视线，分隔园林空间。可做背景，可庇荫，还可防风、防尘、防噪音等。自然式林带就是带状的树群，自然式林带内，树木栽植不能成行成排，各树木之间的栽植距离也要各不相等，天际线要起伏变化，外缘要曲折。林带也以乔木、亚乔木、大灌木、小灌木、多年生花卉组成。林带可以是单纯林，也可以是混交林，要视其功能和效果的要求而定。乔木与灌木、落叶与常绿混交种植，在林带的功能上也能较好地起到防尘和隔音效果。

## 二、规则式种植形式

### 1. 种植设计特点

规则式配置要求有一定的株行距和固定的排列方式。树木配置以行列式和对称式为主，运用大量的绿篱、绿墙以区划和组织空间；树木整形修剪以模拟建筑体形和动物形态为主，如绿柱、绿塔、绿门、绿亭和用常绿树修剪而成的鸟兽等；园内花卉布置以图案为主题的模纹花坛和花境为主，有时布置成大规模的花坛群。

### 2. 种植设计运用

（1）对植：指用两株树按照一定的轴线关系作相互对称或均衡的种植方式，主要用于强调公园、建筑、道路、广场的入口，同时结合庇荫、休息，

图 6-71　对植

图 6-72　列植

图 6-73　环植

在空间构图上是作为配置用的（图6-71）。

（2）列植：指乔灌木按一定的株行距成排地种植，或在行内株距有变化（图6-72）。行列栽植形成的景观比较整齐、单纯、气势大。行列栽植多用于建筑、道路、地下管线较多的地段。行列栽植与道路配合，可起夹景效果。行列栽植宜选用树冠体形比较整齐的树种，如圆形、卵圆形、倒卵形、塔形、圆柱形等。

（3）环植：有一定的株距，栽成环形的图样（图6-73）。环形可以是圆形、半圆形，也可以是椭圆形，可单环，也可双环或多环。

（4）篱植：凡是由灌木或小乔木以近距离的株行距密植，栽成单行或双行，紧密结合的规则的种植形式，称为绿篱或绿墙（图6-74）。

图 6-74 篱植

图 6-75 几何形植

（5）几何形植：植物栽植呈规则的几何形状，通常有正方形、三角形或长方形等（图6-75）。

## 三、混合式种植形式

### 1. 种植设计特点

混合式种植形式中有规则式，也有自然式和两种形式交错组合。

### 2. 种植设计运用

全园没有或形不成控制全园的主中轴线和副轴线，只有局部景区、建筑以中轴对称布局，或全园没有明显的自然山水骨架，形不成自然格局。一般情况，多结合地形，在原地形平坦处，根据总体规划需要安排规则式种植的布局。在原地形条件较复杂，具备起伏不平的丘陵、山谷、洼地等，结合地形规划成自然式种植布局。此外，树木少的可采用规则式，大面积园林以自然式为宜；四周环境为规则式宜按照规则式种植，四周环境为自然式则宜规划成自然式；居民区、机关、工厂、体育馆、大型建筑物前的绿地以混合式为宜。

# 第五节　绿地种植设计

## 一、公园绿地植物配置设计

公园绿地是指向公众开放以游憩为主要功能，兼具生态、美化、防灾等作用的绿地。公园绿地被称为"城市之肺"，不仅具有美化城市，改善城市生态环境的生态和景观意义，还能起到防灾避难的社会意义，是城市景观效果的重要组成部分。

### 1. 植物配置原则

（1）植物配置应根据不同公园绿地的类型和性质来设计。

（2）植物配置应与城市区域整体环境景观统一协调。

（3）植物配置应富于季相变化，满足人们四季观赏游览的需求。

### 2. 公园绿地分类

按照公园绿地的类型和性质可分为综合性公园、社区公园、专类公园（包括儿童公园、动物园、植物园、主题游乐公园等）、带状公园、街旁公园。

### 3. 综合性公园植物配置

综合性公园的植物配置，必须与全园的规划设计风格统一，与各功能分区相协调一致，同时满足人们休闲娱乐的需求，并能保证良好的生态效益。

综合性公园植物选择，应以乡土树种为主，以引种驯化后生长稳定、观赏价值高的树种为辅；确定几种基调树种，形成统一基调；以大苗为主，并适当密植；乔、灌、草合理搭配。

综合性公园的植物配置，应与公园出入口、园路、建筑小品、活动广场等设施环境相协调。

（1）出入口：公园出入口的植物景观营造主要是为了更好地突出、修饰、美化出入口，使公园在出入口就能引人入胜，能向游人展示其特色风格。植物配置应注意丰富街景，与大门建筑相协调。一般用花坛、花境、花钵、灌木或草坪为主，用以突出大门建筑。也有以高大乔木结合草坪、花卉或灌木的出入口，营造一种优雅、恬静、清新的空间氛围。

（2）园路：主干道两侧一般栽植高大荫浓的乔木做行道树，并配以耐阴的花卉或灌木，也有不用行道树，结合花境或花坛布置自然式树丛、树群，但要有利于交通。支路是深入到各个景区的联系纽带，其沿线植物配置应更加丰富多彩，可利用各区的景色去丰富支路的沿线景观，也可以沿路布置富于变化的树丛或花境，达到步移景异的效果。

（3）建筑小品：园林植物与建筑小品的配置是自然美与人工美的结合。植物丰富的自然色彩、柔和多变的线条、优美的姿态及风韵能增添建筑的美感，使建筑与周边环境更为协调融合。同时，合理的植物配置更能赋予建筑小品独特的感染力和文化气韵。

（4）文化娱乐区：植物景观营造重点是如何利用高大的乔木把区内各项娱乐设施分隔开。由于地势开阔平坦，绿化以花坛、花境、草坪为主，便于游人集散，适当点缀几株常绿大乔木，不宜多种灌木，以免妨碍游人视线，影响交通。

（5）观赏游览区：在植物配置上根据地形的高低起伏和天际线的变化，采用自然式植物配置。可形成专类观赏园或花卉观赏区，如岩石园、月季园、樱花园等。安静休息区：一般用密林与其他区域隔开一定距离，充分利用地形起伏、湖泊、河流等地貌，并利用植物的遮掩，围合出不同的安静休息空间。或设计为疏林草地，使大草坪为游人提供大面积的自由空间。

（6）体育活动区：在植物选择上应以不妨碍体育运动为宜，不选用落花、落果、种毛散落、树叶反光发亮的树种，如泡桐、悬铃木等。

（7）管理区：要根据各个活动场所的功能不同而因地制宜地进行植物配置，并与整个园区景观协调一致。公园管理区的植物配置多以规则式为主。

## 二、生产绿地植物配置设计

生产绿地为城市绿化提供苗木、花草、种子的苗圃、花圃、草圃等圃地。为城市绿化提供近自然植物群落所需要的成套植物材料，因此，必须以乡土和本地的适生植物为主，收集优种优苗，还要注意收集本地区的野生植物，以便能同时提供新的选、育、引种试验成功的各种苗木。再者，要提供不同规格的苗木，小到实生苗，大到可直接上街的行道树。此外，还要注意收集草本、水生及蕨类植物成为城市构建近自然植物群落的主要基地，起到科学的引领作用，和可持续发展城市绿化工作上的模范作用。

## 三、防护绿地植物配置设计

防护绿地是指城市中具有卫生、隔离和安全防护功能的绿地。包括卫生隔离带、道路防护绿地、城市高压走廊绿带、防风林、城市组团隔离带等。

防风林在防护绿地中应用较多，它一般由几条带组成，每条带不小于10m的为主林带，与主林带垂直的副林带，其宽度应不小于5m，以便阻挡从侧面吹来的风。防风林所能起作用的距离，一般约在树高20倍之内，可通过抬高地势来增加防风距离。从林带的结构来分，有透风林、半透风林、不透风林3种结构。为了发挥良好的防护效果，可综合使用上述3种林带结构。同时，可以以建造风景林的形式与防风林结合起来，起到防护效果。防风林的树种选择一般选用深根性的或侧根发达的乡土树种为主，如刺槐、槐树、白蜡、臭椿、毛白杨、金银木、紫穗槐、火炬树等。

## 四、附属绿地植物配置设计

附属绿地是指城市建设用地中绿地之外各类用地中的附属绿化用地。包括居住用地、公共设施用地、工业用地、仓储用地、对外交通用地、道路广场用地、市政设施用地和特殊用地中的绿地。

## 五、居住区绿地植物配置设计

居住区绿地应以植物造景为主，充分发挥植物在净化空气、减少尘埃、吸收噪音、改善小气候和美化生活环境等方面的作用。居住区绿地的植物配置直接影响着居住区的环境质量和景观效果，其植物选择应选用具有多种效应的树种，既能防风、降噪、抗污染、吸收有毒物质，又必须无刺激性、无毒、无飞絮，同时保证植物品种的多样性，满足居住区景观环境所要求的春花、夏阴、秋色、冬青的四季效果。另外，适当选用攀缘植物，通过绿化建筑墙面、围墙、挡墙等，最大限度地提高绿量，提高居住区的立体绿化效果。

（1）居住区公共绿地植物配置：根据公共绿地利用率高的特点，其植物配置必须注重群落多样性，根据场地要求采用乔木＋灌木、乔木＋灌木＋地被、乔木＋地被等多种群落化的组景方式；强调景观多样性，采用不同色彩、质地、形态的树木进行种植，并和其他景观要素如建筑、道路、地形、广场等相互结合，塑造多样性的景观；空间的多样性，通过植物的围合作用塑造疏密有致、富于变化的空间。

（2）居住区宅间绿地植物配置：植物配置要注意尺度感，以免树种选择不当造成拥挤、狭窄的不良心理反应；在靠近住宅的窗后、阳台部分应避免种植过密，树木的栽植不要影响通风采光；住宅附近管道密集，树木的栽植必须按国家有关规范留够距离；在广场等活动区域，配置高大阔叶乔木，满足居民夏季对绿阴的需求；住宅周围常因建筑物的遮挡造成大面积的阴影，要选用耐阴的植物种类，如珍珠梅、金银木、玉簪、麦冬等。

（3）居住区专用绿地植物配置：居住区专用绿地要符合不同的功能要求，如学校绿地。学校绿地的树种尽量丰富，多栽植色彩鲜艳、季相变化明显的植物，使校园环境轻松活泼。同时，可进行科普教育，挂牌标明树种的名称特性、原产地等，有助于激发学生了解自然，热爱自然的兴趣，增长知识。不要选用多飞絮、多刺、有毒、有臭味或容易引起过敏的植物，如悬铃木、皂角、凤尾兰、暴马丁香等。

## 六、道路绿地植物配置设计

城市道路是各种速度共存的公共空间，其中不仅有快速行驶的汽车，还有骑自行车、步行或休憩的人，这都是植物配置时要充分考虑的因素，需要营造静态视觉景观和动态视觉景观合理结合的道路绿地空间。道路绿地植物的主要功能是分割空间，组织交通，提供绿荫，减噪抑尘，吸收有害气体等，并形成因路而异、各具特色的道路景观。同时，绿地植物的配置、节奏和色彩的变化要与道路的空间尺度相协调。

道路绿地分为街道绿地（包括人行道绿地、分车带绿地和街头绿地等）、高速公路绿地及铁路防护绿地等。

### 1. 街道绿地

（1）人行道绿地：设计宽度为 1.5 ~ 4.5m 不等，列植一行或两行乔木，乔木下可栽植灌木或绿篱。树木定干高度不小于 3.2m。在种植形式上，规则式为等距、行列式栽植；自然式为带状种植、块状种植或丛植；也有混合式种植形式。树木定位时要与各种管线或构筑物保持一定间距。

（2）分车带绿地：包括中央隔离带和快慢车道隔离带。分车带绿地的植物配置首先要保障交通安全和提高交通效率，在此前提下再考虑景观效果。根据宽度不等，中央隔离带植物配置形式多种多样，规则式种植乔木，或用地被植物、花灌木、花卉或绿篱构成图案；自然式种植乔木＋灌木，或花灌木＋地被植物＋花卉，充分考虑植物在时间和空间上的变化，将乔灌花草合理搭配，或孤植，或丛植，形成富于变化的四季景观。快慢车道隔离带一般宽度为 1.5 ~ 6.0m，植物多选用低矮的小乔木或花灌木，禁止列植成墙；若栽植乔木，其分枝点必须在 2m 以上，株距大于 5m 以上。在近交叉口及人行横道的一定距离内必须留出足够的安全视野。

（3）街头绿地：街头绿地作为一种公共绿地中最易让人驻足观赏的绿地之一，必须具有鲜明的特色，尤其是要根据周边环境的不同来进行植物配置。在街心花园中，可种植一些质地细腻、近观效果好的植物，利用观花、观叶、观果和观形的植物来吸引人，并根据地形和环境设置花境、花坛或树丛。

### 2. 高速公路绿地

高速公路属于城市之间的快速交通干道，车速快，空间转移快，其空间的景观构成是以汽车行驶速度为前提，以驾驶员和乘客的角度来考虑绿地的植物配置方式。同时，考虑高速公路给周边环境带来的不良影响，如噪音、污染、景观破坏等。

高速公路绿地植物配置要保证行车的安全，减缓驾驶员的心理和视觉疲劳，尤其是中央隔离带的夜间防眩光作用；加强道路的特性，使其连续性、方向性、距离感突出；注重生态景观，与周围环境协调统一，减少道路在环境中的视觉规模。

高速公路绿地包括护坡绿地、中央分隔带、互通立交区绿地、服务区绿地等绿地类型。

## 七、其他绿地植物配置设计

其他绿地对城市生态环境质量、居民休闲生活、城市景观和生物多样性保护有直接影响的绿地。包括风景名胜区、水源保护区、郊野公园、森林公园、自然保护区、风景林地、城市绿化隔离带、野生动植物园、湿地、垃圾填埋场恢复绿地等。

### 1. 湿地

湿地是水陆相互作用形成的特殊自然综合体，本身就是一个完整的生态系统，具有很强的自我调节能力。同时，湿地生态系统又具有脆弱性，极易受到自然因素和人为活动的干扰和破坏，并很难恢复。

湿地植物配置应考虑植物种类的多样性。多种类植物的搭配，不仅在视觉效果上相互衬托，形成丰富而又错落有致的效果，对水体污染物处理的功能也能够互相补充，有利于实现生态系统的完全或半完全（必要的人工管理）的自我循环。同时，湿地植物配置要充分利用当地的水生植物资源，应利用或恢复原有自然湿地生态的植物种类，尽量避免外来物种。

湿地植物配置时应遵循湿生植物——挺水植物——浮叶植物——沉水植物——漂浮植物的自然形态。主要措施是选择适合当地的乡土水生植物；湿地水生植物的覆盖度小于水体面积的 30%；考虑湿地水生观赏植物自身的水深要求；根据湿地水体不同区域的自然环境条件，进行不同的种植配置。湿生植物主要有：垂柳、柿树、柽柳、迎春、棣棠、蔷薇、千屈菜、芦苇、盐地碱蓬、黄菖蒲、黄花鸢尾、蒲苇等；挺水植物主要有芦苇、菖蒲、水葱、香蒲、千屈菜、芦荻、泽泻、慈姑、荷花、水生美人蕉等；浮叶植物主要有睡莲等；沉水植物主要有狸藻、苦草、金鱼藻、狐尾藻、黑藻等；漂浮植物主要有浮萍等。通过应用多种多样的水生植物，形成自然的湿地景观。

### 2. 屋顶花园

屋顶绿化能够最大限度地扩大城市绿量，有

效减少城市热岛效应，改善城市生态环境。建造屋顶花园已经成为建设城市绿色空间、丰富城市绿色景观、改善建筑屋顶物理性能等的有效手段。

屋顶花园是指高出地面以上，周边不与自然土层相连的建筑物或构筑物的顶部、天台、露台之上所进行的绿化装饰及景观造园的总称。它是人们根据屋顶的结构特点及屋顶上的生境条件，选择生态习性与之相适应的植物材料，通过一定的园林技法，从而达到丰富园林景观的一种形式。

屋顶花园可分为以下几种形式：

（1）地毯式：是在荷载较小的屋顶上，以地被、草坪或其他低矮花灌木为主进行造园的一种形式，一般土层的厚度为 5 ~ 20cm。选择抗旱、耐寒和管理粗放的植物，地被植物可选三叶地锦、五叶地锦、凌霄、紫藤、常春藤、佛甲草、麦冬、马蔺、萱草等，草坪选用野牛草、结缕草等，小灌木选用枸杞、蔷薇类、迎春、砂地柏、金叶莸等。

（2）群落式：此类形式对屋顶的荷载要求较高，一般每平方米不低于450kg，土层厚度为 30 ~ 60cm。植物配置时乔灌草合理布局，模拟自然，按自然群落的形式营造成复层人工群落。苗木可以选择常绿植物、小乔木、花灌木、地被和草坪。

（3）园林式：在风格上比较自由，景观元素更多一些，可以设置一些硬质景观，如水景、构架、花坛、雕塑等，但要结合建筑承重结构需要。

屋顶花园绿化种植区的结构由上而下分别为植被层——基质层——隔离过滤层——蓄排水层——阻根层——找平层等组成。

# 第六节　滨海盐生植物

认识和了解滨海盐生植物，是做好滨海盐碱地园林规划设计的关键之一。通常把能在盐碱地上生长的植物称为盐生植物。盐生植物是植物界的一个小的植物类型，根据相关学者统计，全世界共有1560余种盐生植物，而我国盐生植物约有500余种。中国盐生植物的分布可分为8个区域：内陆盆地极端干旱盐渍土区（新疆的塔里木盆地和柴达木盆地）；内陆盆地干旱盐渍土区（新疆北部、甘肃西北部和内蒙古西半部）；宁蒙高原干旱盐渍土区（内蒙古东部及宁夏北部）；东北平原半干旱湿润盐渍土区（黑龙江、吉林西部和内蒙古东部）；黄淮海平原半干旱半湿润盐渍土区（河北东部和东南部、山东东北部和西南部、

安徽北部淮河流域）；西藏高原高寒和干旱盐渍土区（西藏北部）；热带海滨盐渍化沼泽区（广东、广西、福建、台湾和海南沿海的海湾和河口盐渍化沼泽）；滨海盐渍土区（河北东部沿海、山东东北部和东南沿海海滨以及江苏东北部沿海海滨地段）。

本节所介绍的滨海盐生植物是指滨海盐渍土区生长的盐生植物。这个地区属于暖温带年均温度 8 ~ 14℃，绝对最低温达 –30 ~ –20℃全年无霜期 180 ~ 240 天，年降雨量 600mm 左右。这个地区靠近海洋，土壤含盐量较高，可达到 2.0% ~ 6.0%。

# 一、盐生植物的分类

由于土壤含盐量的差别，把盐碱土分为重盐碱土（土壤含盐量 0.6% ~ 3.0%以上）；中盐碱土（土壤含盐量 0.3% ~ 0.6%左右）；轻盐碱土（土壤含盐量 0.3%以下）；非盐碱土（土壤含盐量极微或无）。根据植物对土壤盐分浓度的适应性选择和植物的立地条件，盐生植物又分为专性盐生植物和耐盐植物。不能生长在盐碱土中的植物则称为非盐生植物，但也有可能产生适应性变化，形成耐盐植物。

## 1. 专性盐生植物

通常把重盐碱地上生长的植物称为专性盐生植物，或称真盐生植物。这类植物体内具有避盐害的特殊结构和适盐的生理活动过程。据此按植物生理特点把真盐生植物分为聚盐植物（叶、茎肉质化，具贮盐水细胞，又名稀盐植物），典型的聚盐植物如盐地碱蓬、盐角草等；泌盐植物（植物体内具盐腺或囊泡，分泌盐分），典型的泌盐植物如二色补血草、大米草等；拒盐植物（植物的根细胞不透盐，或少量盐分贮存在植物下部或根部，不向上输送，又名不透盐植物），典型的拒盐植物如芦苇、白花车轴草等。

## 2. 耐盐植物

一些盐生植物，它们既可生长在中、轻盐碱土中，更能生长在非盐碱土中，这类植物称为耐盐植物，或称兼性盐生植物。一些自然植物经土壤改良或人工驯化后均可成为耐盐植物。

# 二、滨海盐生植物资源

## 1. 专性盐生植物（真盐生植物）

1.1 聚盐植物（适盐度 0.6% ~ 3.0%以上）

### 1.1.1 白刺 *Nitraria sibirica* Pall. 〔Siberian Nitraria〕

科名：蒺藜科

【形态特征】落叶矮生刺灌木，树皮灰白色，小枝有丝状毛。叶簇生、肉质，有小突尖，被丝状毛。花小，花径5～6mm，萼片5，花瓣5。核果近圆球形，成熟时紫红色，种子1粒。萌芽期4～5月，花期5～6月，果期6～7月，绿期至秋末。

【景观应用】生长在土壤含盐量2.5%～3.15%、pH＞8.0的重盐碱土中。重盐碱土指示植物。供固沙护坡，改良盐碱地；公园群植或孤植供观赏。

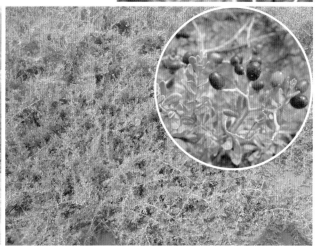

### 1.1.2 枸杞 *Lycium chinense* Mill. 〔Chinese Wolfberry〕

科名：茄科 Solanaceae 别名：枸杞菜、枸杞子

【形态特征】落叶灌木。株高1m多，枝条细长，常弯曲或俯垂，植物体具刺。叶互生或簇生于短枝上，叶片卵形、卵状菱形或卵状披针形，全缘。花萼钟状；花冠漏斗状，淡紫色，5深裂。浆果，卵状或长圆状，红色；种子扁肾脏形，黄色。在我国广为分布，常生于山坡、盐碱地和路旁等。枸杞萌芽期4～5月，花期5～6月，果期7～8月，绿期至秋末。

【景观应用】土壤含盐量2.65%～3.0%、pH＞8.0的盐碱土上生长良好。适合于公园、庭园构建墙篱或群栽，供绿化、观赏。

### 1.1.3　盐地碱蓬 *Suaeda salsa* (L.) Pall.　〔Saline Seepweed〕

科名：藜科 Chenopodiaceae　　别名：黄须菜

【形态特征】一年生草本，高 20 ~ 80cm。茎多基部分枝，直立，圆柱形，常具紫红色条纹。叶线形，肉质，互生，无柄，长 0.8 ~ 3cm，宽 1 ~ 2mm，常被粉粒。两性花或兼有雌花。3 ~ 5 朵簇生叶腋。花被，肉质，花被片 5，基部合生，基部周围有翅。种子细小，长 1.2 ~ 1.5mm，宽 1 ~ 1.3mm，黑色。萌芽期 4 月，花期 6 ~ 9 月；果期 7 ~ 10 月，绿期至秋末冬初。植物初期绿色、油绿色、后变红紫色，地毯式草坪状分布。

【景观应用】为典型的专性聚盐肉质植物，生长在土壤含盐量 2.5% ~ 3.6%、pH > 8.06 的重盐碱地。主要用途为绿化、观赏、改良盐碱地。

### 1.1.4　碱蓬 *Suaeda glauca* (Bge.) Bge.　〔Common Seepweed〕

科名：藜科 Chenopodiaceae

【形态特征】一年生草本，高 30 ~ 80(100)cm。茎直立，具细条纹，分枝多。叶线形，肉质，互生，长 1 ~ 3 (5) cm，宽 0.7 ~ 1.5mm，绿色，光滑。花杂性，呈五角星状。雄蕊 5，柱头 2。果 2 形，其一在五角星花被内扁圆形，另一为球形。萌芽期 4 月，花期 6 ~ 9，果期 7 ~ 10 月，绿期至秋末。

【景观应用】为典型的专性聚盐肉质植物，生长在土壤含盐量 1.5% ~ 3.02%、pH > 8.06 的重盐碱地。主要用途供绿化、观赏、改良盐碱地。

### 1.1.5　地肤 *Kochia scoparia* (L.) Schrad.　〔Belvedere〕

科名：藜科 Chenopodiaceae

【形态特征】一年生草本，高 50 ～ 150cm。茎直立，有棱，有紫红色、绿色条纹，秋季常变成红色，被短柔毛。叶互生，披针形，几无柄，长 2 ～ 5cm，宽 3 ～ 7 mm，无毛。花两性或雌性，生叶腋，花被片 5，基部合生。胞果扁。种子横生，扁平。萌芽期 4 月，花期 6 ～ 9 月，果期 7 ～ 10 月，绿期至秋末。

【景观应用】属专性盐生植物，在土壤含盐量 0.5% ～ 2.8%、pH 8.03 的强盐碱土上繁茂生长。供绿化、改良盐碱地。

### 1.1.6　碱地肤 *Kochia scoparia* var. *sieversiana* （Pall.） Ulbr. ex Asche　〔Alkali Belvedere〕

科名：藜科 Chenopodiaceae

【形态特征】一年生草本，高 30 ～ 100cm。茎直立，分枝多。叶片披针形，花序密集，腋生。花下有锈色柔毛。萌芽期 4 ～ 5 月，花期 6 ～ 9；果期 7 ～ 10 月，绿期至秋末。

【景观应用】属专性盐生植物，在土壤含盐量 0.5% ～ 2.8%、pH > 8.4 的重盐碱地生长茂密。

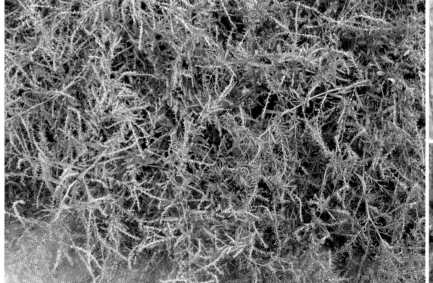

1.2 泌盐植物（适盐度 0.6% ~ 3.0%）

### 1.2.1 柽柳 *Tamarix chinensis* Lour.　〔Chinese Tamarisk〕

科名：柽柳科 Tamaricaceae　别名：三春柳、红柳、红荆条

【形态特征】落叶灌木或小乔木，高 2 ~ 5m。枝细长，下垂，老枝皮深紫色或紫红色。叶披针形，先端锐尖。叶小，鳞片状，圆柱形或线形，无柄。总状或顶生圆锥花序，花小，萼片 4 ~ 5；花瓣 4 ~ 5；雄蕊 4 ~ 5，少有 8 ~ 12，离生或基部连合；蒴果。种子小，多数。花开春秋两季，或春季至秋季开放，绿期至初冬。

【景观应用】属专性泌盐植物，生态适应范围宽广，对土壤质地要求不严，在滨海盐土含盐量高达 3.0% 左右的淤泥质滩涂仍生长良好。具有防风、固沙、改良盐碱土、绿化滩涂，并能做篱笆、公园、庭院孤植栽培，供观赏等生态功能。

### 1.2.2 二色补血草 *Limonium bicolor* (Bge.) O.Kuntze　〔Twocolor Sealavander〕

科名：蓝雪科 Plumbaginaceae　别名：矶松、海蔓荆

【形态特征】多年生草本，高 20 ~ 70cm。全株光滑无毛。基生叶匙形、倒卵状匙形，全缘。花序轴 1 ~ 5，有棱角或沟槽；花 (1)2 ~ 4(6) 朵集成小穗，3 ~ 5 小穗组成穗状花序，再由穗状花序组成圆锥花序。苞片紫红色。花萼白色，宿存；花冠黄色，花 5 基数。果实具棱。萌芽期 4 月，花果期 5 ~ 10 月，绿期至初冬。

【景观应用】属专性泌盐植物，生长在土壤含盐量 0.85% ~ 3.02%、pH 8.29 的重盐碱地。花序洁白美观，可做切花或干花材料，持久而不凋落。

### 1.2.3　互花米草 *Spartina alternifolia* Loise.　〔Smooth Cordgrass〕

科名：禾本科 Gramineae

【形态特征】多年生草本，秆高 1m 以上，最高可达 3m 以上，茎秆粗壮，直径 1cm 以上，形似芦苇。根系发达，深 30cm 左右。地下茎横走。叶片互生，长披针形，叶面光滑具蜡质光泽。叶具盐腺，分泌出白色粉末盐霜。两性花，圆锥花序长 20～40cm，由穗形总状花序组成，小穗侧扁。具有性繁殖和无性繁殖，繁殖力很强。生长在高盐浓度的盐沼、滩涂浅海中。萌芽期 5 月，花果期 7～9 月，绿期至冬季（北方）。

【景观应用】属专性泌盐植物，在土壤和海水含盐量 3.0%～4.0%、pH 8.3 的潮下带及受涨潮时被海水淹没的滩涂均生长良好。用于米草海挡护堤工程，对防浪、保滩、护堤有明显的作用。

### 1.2.4　大米草 *Spartina anglica* C.H.Hubb.　〔Common Cordgrass〕

科名：禾本科 Gramineae

【形态特征】多年生草本，秆高 40～130cm 以上，茎秆粗壮。根系发达。叶鞘长于节间，叶片互生，长披针形，叶片宽 6～15mm，鲜时扁平，干时内卷；具盐腺，分泌出白色粉末盐霜。两性花，由穗形总状花序 3～6（12）个组成，小穗侧扁，含 1 小花，颖及外稃顶端钝，沿主脉上有粗毛。具有性繁殖和无性繁殖，繁殖力强。生长在高盐浓度的盐沼、滩涂浅海中。萌芽期 5 月，花果期 7～9 月，绿期至冬季（北方）。

【景观应用】属专性泌盐植物，在土壤、海水含盐量 3.0%～4.0%、pH 8.3 的潮下带及受涨潮时被海水淹没的滩涂均生长良好。积淤造田、防浪护滩。

### 1.2.5 狐米草 *Spartin patens*（Aiton）Muhl.    〔Marshhay Cordgrass〕

科名：禾本科 Gramineae

【形态特征】多年生草本，株高 1m 左右，茎秆中空细长坚实。地下根状茎长达 30 ~ 100cm，叶长 4 ~ 30cm，叶内卷或基部平展，叶宽约 1 ~ 4mm。穗状花序长约 2 ~ 7（1.5 ~ 5）cm，直立向上松散排列，小穗紧密覆瓦状排列，中肋具粗纤毛；第一颖线形具短尖，长 2 ~ 6mm，第 2 颖狭披针形，渐尖或几乎为芒状，长 7.5 ~ 13 mm；外稃钝状。地下根茎繁殖或种子繁殖，分蘖旺盛。萌芽期 4 ~ 5 月，花果期 6 ~ 8 月，绿期至冬季。

【景观应用】狐米草是一种专性泌盐植物，适盐度高达 3.0% 以上，我国近代从美国引入，生长在海岸带湿潮盐化土中，在土壤含盐量高达 2.0% ~ 3.0%、pH 8.0 的高潮线以上，远离海水的直接浸泡，但可利用咸水浇灌。供盐碱地绿化；改良盐碱地。

### 1.2.6 獐毛 *Aeluropus littoralis* var. *sinensis* Debx.    〔Chinese Aeluropus〕

科名：禾本科 Gramineae    别名：马亚头、马绊草、小叶芦

【形态特征】多年生草本，根短而坚硬。秆高 15 ~ 20cm，常有匍匐茎地面生长，茎长达 80cm 以上，基部有叶鞘，节上生密毛，叶舌短，顶生纤毛。叶硬，干时内卷。圆锥花序穗状，小穗含 4 ~ 10 朵花，第一颖长于第二颖，内稃与外稃等长。萌芽期 4 ~ 5 月，花果期 5 ~ 8 月，绿期可延至初冬。

【景观应用】属专性泌盐植物，适盐度高达 2% ~ 3.15%，在 pH 8.0 的潮间带重盐碱土生长良好。是优良的固沙植物；可栽培为草坪，供观赏。

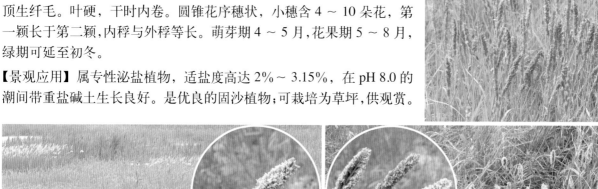

### 1.2.7　碱地蒲公英　*Taraxacum sinicum* Kitag　〔Chinese Dandelion〕

科名：菊科 Compositae　别名：碱蒲公英、华蒲公英

【形态特征】多年生草本，高 5 ~ 20cm。叶基生，狭披针形，长 4 ~ 12cm，宽 5 ~ 18mm，无毛，羽状深裂或浅裂，下倾，全缘，顶裂片大，外裂片具波状牙齿。花葶数个。总苞筒状钟形，长 8 ~ 12mm，淡绿色。舌状花冠黄色，长 0 ~ 15mm。瘦果 3mm，喙短，长 4.5mm，冠毛白色，长 5 ~ 6mm。萌芽期 4 ~ 5 月，花果期 7 ~ 8 月，绿期至秋末。

【景观应用】属专性盐生植物，适盐度 0.6% ~ 0.8%，pH 8.0 左右，生于土壤重盐碱草甸或荒地。供绿化、观赏、改良盐碱地用。

### 1.2.8　紫花山莴苣　*Lactuca tatarica* (L.) C.A.Mey　〔Tatarica Lettuce〕

科名：菊科 Compositae　别名：乳苣

【形态特征】多年生草本，高 30 ~ 100cm。叶厚带肉质，灰绿色，叶长圆状披针形，边缘有倒向深裂或浅裂，有刺状小齿，叶基半抱茎，上部叶有时全缘，抱茎。头状花序多数，具小花 12 ~ 15，总苞紫色，舌状花紫色。瘦果，灰黑色，冠毛白色。萌芽期 5 月，花果期 5 ~ 8 月，绿期至中秋。

【景观应用】属专性盐生植物，适盐度 0.6% ~ 0.8%，pH 8.0 左右，生于土壤重盐碱草甸或荒地。花色美丽，供观赏。

1.3 拒盐植物（适盐度 1.5 ～ 0.6%）

### 1.3.1 沙枣 *Elaeagnus angustifolia* L. 〔Narrow-leaved Oleaster〕

科名：胡颓子科 Elaeagnaceae　　别名：银柳、桂香柳

【形态特征】落叶乔木或小乔木，高 15m。幼枝有银白色鳞片。叶披针形，长 2 ～ 8cm，宽 1 ～ 3cm，全缘，两面均有白色鳞片，树冠绿白色。花小，1 ～ 3 朵腋生，芳香。5 月发芽期，花期 5 ～ 6 月，果期 8 ～ 10月，绿期至秋末。

【景观应用】属专性拒盐树种，适生土壤含盐量 0.6%～ 1.5%，pH 8.0。为防沙、造林、绿化滨海的盐生树种；可用作水土保持；造林；建材，可供观赏。

### 1.3.2 火炬树 *Rhus typhina* Nutt. 〔Staghorn Sumac〕

科名：漆树科 Anacardiaceae　　别名：鹿角漆树

【形态特征】落叶小乔木或灌木。高 9 ～ 10m，树皮灰褐色。奇数羽状复叶，小叶 19 ～ 31，披针形叶，长 4 ～ 8cm，宽 8 ～ 18mm，叶缘有锯齿，叶脉上有毛。圆锥花序，顶生。核果，球形，深红色，有毛。5月发芽期，花期 7 ～ 8 月，果期 9 ～ 10 月，绿期至秋末冬初。

【景观应用】属专性拒盐植物，在土壤含盐量 0.6%～ 0.8%、pH >8.0的条件下自然无性繁殖（萌生）。供绿化、观赏。耐寒、耐旱、耐盐碱，是绿化和保持水土的观赏植物。

### 1.3.3 毡毛 *Fraxinus velutina* Torr. 〔Felt Ash, White Ash〕

科名：木犀科 Oleaceae　别名：白蜡树

【形态特征】落叶乔木，高达 18m。树皮暗灰色，浅纵裂。小叶 3 ～ 7 枚，常 5 枚，椭圆形至卵形，长 3 ～ 8cm，叶缘有圆钝齿，上面亮绿色，下面有柔毛。圆锥花序生于去年老枝上。雌雄异株，花先叶开放。翅果长 2 ～ 3cm，披针形至长圆状倒卵形，先端微凹。花期 4 ～ 5 月，果期 9 ～ 10 月，绿期至秋末。

【景观应用】属专性拒盐植物，在土壤含盐量 0.6% 左右、pH 8.0 左右的盐碱土中生长良好。常作为行道树、防护林带及公园观赏树。

### 1.3.4 臭椿 *Ailanthus altissima* (Mill.) Swingle 〔Tree of Heaven Ailanthus〕

科名：苦木科 Simaroubaceae　别名：樗

【形态特征】落叶大乔木，高达 20m。树皮平滑，有灰色斑纹。奇数羽状复叶，互生。小叶 13 ～ 25 或更多，卵状披针叶，长 6 ～ 12cm，宽 2 ～ 4.5cm，叶基齿尖有 1 腺体。花小，多数，杂性花，雌雄异株，顶生圆锥花序。翅果，纺锤形，淡黄褐色，长 3 ～ 5cm。花期 4 ～ 5 月，果期 9 ～ 10 月，绿期至秋末。

【景观应用】属专性拒盐植物，在土壤含盐量 0.6% 左右、pH 8.0 的条件下，自然繁殖。实生苗生长，树形优美。臭椿用途广泛，多用于行道树，公园绿地孤植或群植供绿化、观赏。

### 1.3.5 杜梨 *Pyrus betulaefolia* Bge. 〔Birch-Leaf Pear〕

科名：蔷薇科 Rosaceae　　别名：棠梨、土梨、灰梨

【形态特征】落叶乔木，高 10m 以上，枝有刺。树皮紫褐色。叶片菱状长圆形，长 4 ~ 8cm，宽 2.5 ~ 3.5cm，叶缘有粗锯齿，下面微被绒毛。伞形状花序，有花 10 ~ 15 朵，花瓣白色；花柱 2 ~ 3。果实小，近球形，直径 5 ~ 10mm，褐色，有淡色斑点。花期 4 ~ 5 月，果期 8 ~ 9 月，绿期至秋末。

【景观应用】属专性拒盐植物，适生土壤含盐量 0.6% 左右，pH < 8.0。耐旱、耐寒、耐盐碱。适合于公园、庭院孤植栽培，供观赏。作绿化树种；还可供砧木用。

### 1.3.6 罗布麻 *Apocynum venetum* Linn. 〔Dogbane, Indian Hemp〕

科名：夹竹桃科 Apocynaceae　　别名：红麻、茶叶花

【形态特征】多年生草本或半灌木，有乳汁。叶对生，椭圆状披针形，先端急尖，具短尖头，基部尖或钝，叶缘有细锯齿，无毛。叶柄间有腺体。花小，紫红或粉红色，圆锥状聚伞花序，顶生或腋生；花萼 5 深裂；花筒钟形，花冠裂片 5；雄蕊 5；蓇葖果长角形。种子褐色。萌芽期 4 ~ 5 月，花期 6 ~ 7 月，果期 8 月，绿期至秋末。

【景观应用】属专性拒盐植物，在土壤含盐量 0.6% ~ 1.0%、pH 8.02 的重盐碱土中自然繁殖。供绿化、观赏。

### 1.3.7 紫穗槐 *Amorpha fruticosa* Linn.〔Indigobush Amorpha〕

科名：豆科 Leguminosae　　别名：穗花槐

【形态特征】落叶灌木，高 1 ~ 4m。奇数羽状复叶，小叶 9 ~ 25，披针状椭圆形，长 1.5 ~ 4cm，宽 1 ~ 2cm，全缘，有透明的腺点。花紫蓝色，成顶生圆锥状总状花序，长 7 ~ 15cm；蝶形花冠仅有旗瓣。荚果扁平，仅含 1 粒种子，不开裂，果皮上有腺点。5 月发芽，花期 5 ~ 6 月，果期 8 ~ 10 月，绿期至秋末。

【景观应用】本种属专性拒盐植物，在土壤含盐量 0.6% ~ 1.0%、pH 8.0 的条件下可自然繁殖。本种用途广泛，常作固沙、防风林下层灌木。

### 1.3.8 砂引草 *Messerschmidia sibirica* L.ssp. *angustior* (DC. ) Kitag.

〔Narrow Siberian Messerschmidia〕

科名：紫草科 Boraginaceae

【形态特征】多年生草本，根茎细长。茎高 30cm，分枝，密生白色柔毛。叶披针形，长 1.2 ~ 4.5cm，宽 1 ~ 11mm，两面伏生柔毛，花序顶生，花有白柔毛，萼 5 深裂，花冠白色，漏斗状 5 裂有柔毛。果椭圆形有纵棱。萌芽期 4 ~ 5 月，花期 5 ~ 6 月，果期 6 月，绿期至秋末。

【景观应用】属专性拒盐植物，在土壤含盐量 0.6% ~ 1.5%、pH 8.2 的沙性重盐碱地野生。供绿化、观赏。还可作固沙护土植物用。

### 1.3.9　虎尾草　*Chloris virgata* Swartz.　　　　　　　　〔Showy Chloris〕

科名：禾本科 Gramineae　　别名：盘草、棒槌草、刷子头

【形态特征】一年生丛生草本，秆高 20 ~ 60cm。叶鞘光滑无毛，最上的叶鞘常包有花序，肿胀成棒槌状。叶舌具小纤毛。叶片长 5 ~ 25cm，宽 3 ~ 6mm。穗状花序长 3 ~ 5cm，呈指状排列，小穗长 3 ~ 4mm。第一颖比第二颖短，芒长 0.5 ~ 1.5mm，内稃稍短于外稃；颖果长约 2mm。萌芽期 4 ~ 5 月，花期 6 ~ 7 月，果期 8 ~ 9 月，绿期至夏末秋初。

【景观应用】本种属专性拒盐植物，适生土壤含盐量 0.6% ~ 1.6% 左右，pH < 8.0，生干旱盐生荒地盐碱土。

### 1.3.10　白茅　*Imperata cylindrica* var.*major* (Nees) C.E.Hubb.　　〔Lalang Grass〕

科名：禾本科 Gramineae　　别名：茅草、茅根、茅针

【形态特征】多年生草本，根状茎细长横生，密被鳞片。秆直立，高 25 ~ 80cm，具 2 ~ 3 节，节上柔毛长 4 ~ 10mm。叶生基部，叶鞘无毛或鞘口处有纤毛，叶舌干膜质，长 1mm。叶片长 5 ~ 60cm，宽 2 ~ 8mm。顶生圆锥花序圆柱状，长 5 ~ 20cm，宽 1.5 ~ 3cm；小穗披针形，长 3 ~ 4mm。两颖等长或第一颖稍短，第二颖较宽，内外稃约等长。萌芽期 5 ~ 6 月，花果期 7 ~ 8 月，绿期至初冬。

【景观应用】属专性拒盐植物，在土壤含盐量 0.6% ~ 1.5%、pH < 8.0 的重盐碱荒地上普遍生长。可作为绿化；保堤固沙植物。

### 1.3.11　田菁　*Sesbania cannabina* (Retz.) Poir.　〔Common Sesbania〕

科名：豆科 Leguminosae

【形态特征】一年生亚灌木状草本。株高约 1m。嫩枝上有柔毛。偶数羽状复叶，长 15 ~ 25cm，小叶 20 对以上，条状长圆形，长 12 ~ 16mm，宽约 3mm，全缘，先端钝，基部偏斜。总状花序腋生，花萼钟状，花冠黄色，旗瓣扁圆形，有紫色斑点。荚果，条状圆柱形，绿褐色，下垂。种子多数，长圆形，黑褐色。萌芽期 4 月，花期 8 ~ 9 月，果期 9 ~ 10 月，绿期至秋末。

【景观应用】属专性拒盐植物，在土壤含盐量 0.6% ~ 1.0%、pH 8.0 的重盐碱土中生长良好。用途广泛，供绿化、观赏、改良盐碱地。

### 1.3.12　蜀葵　*Althaea rosea* (Linn.) Cavan.　〔Hollyhock〕

科名：锦葵科 Malvaceae　　别名：熟季花、端午花

【形态特征】二年生草本，高达 2m。全株被毛。叶圆形，3 ~ 5 浅裂或波状边缘，直径 6 ~ 15cm。花单生、腋生，常顶生总状花序。花大，有红、紫、粉红、黄和紫黑色等，单瓣或重瓣。分果。花、果期 6 ~ 9 月。

【景观应用】属专性拒盐植物，在土壤含盐量 0.6% ~ 0.8%、pH 8.0 的盐碱土中生长良好。花色艳丽，品种很多，可供观赏。

## 1.3.13 碱菀 *Tripolium vulgare* Nees.　〔Seastarwor〕

科名：菊科 Compositae　别名：金盏菜

【形态特征】一年生草本。茎直立，高 80cm，单生或丛生，下部紫红色，无毛，上部有分枝。叶互生，无毛，肉质，下部叶长圆形或披针形，中部叶线形或线状披针形，上部叶小，苞片状。头状花序在茎顶排列成伞房状。总苞钟状带紫红色，肉质，无毛。舌状花序 1 层，蓝紫色，舌片长 10 ～ 15mm，宽 2mm；管状花序黄色，顶端 5 裂。瘦果狭长圆形，冠毛多层，白色或淡红色。萌芽期 5 月，花果期 8 ～ 10 月，秋末枯萎。

【景观应用】属专性拒盐植物，适盐度高达 0.6% ～ 2.4%，pH 8.0。生长海水边、盐沼或湿潮重盐碱地。

## 1.3.14 丝兰 *Yucca smalliana* Fern.　〔Adam's Needle〕

科名：百合科 Liliaceae

【形态特征】常绿大草本植物。植物体的茎短或不明显。叶近莲座状簇生，坚硬，近剑形或线状披针形，叶的先端具硬刺，叶的边缘具有许多稍弯曲的丝状纤维。花莛高大而粗壮；花乳白色，下垂，排成圆锥花序，花序轴具乳突状毛。蒴果，开裂，长约 5cm。花期 6 ～ 8 月，果期 9 ～ 10 月。

【景观应用】属专性盐生植物，在土壤含盐量 0.6% 左右、pH < 8.0 的盐碱土中正常生长，并保持冬季不枯。供观赏。

### 1.3.15 凤尾兰 *Yucca gloriosa* L. 〔Spanish Dagger〕

科名：百合科 Liliaceae　别名：凤尾丝兰、华丽丝兰

【形态特征】常绿大草本植物。植物体的茎长，叶质硬，叶边缘无纤维丝或老时带有少许。花被片顶带紫红色。蒴果不开裂。花期6～8月，果期9～10月。

【景观应用】属专性盐生植物，在土壤含盐量1.0%、pH < 8.0的盐碱地中正常生长。可供观赏。

### 1.3.16 白车轴草 *Trifolium repens* Linn. 〔White Clover〕

科名：豆科 Leguminosae　别名：白三叶、荷兰翘摇

【形态特征】多年生匍匐草本。茎长30～60cm，无毛。掌状复叶，小叶3枚，下面有毛，边缘有细锯齿。头状花序，花冠白色或粉红色，旗瓣椭圆形。荚果倒卵状椭圆形，包于宿存的萼筒内。花果期5～10月，绿期至秋末。

【景观应用】属专性拒盐植物，适生土壤含盐量0.6%左右，pH < 8.0。可在天津盐碱地种植。供植坪、绿化、观赏，并有改良盐碱土、保持水土的作用。

## 1.3.17 芦苇 *Phragmites communis* Trin.　〔Common Reed〕

科名：禾本科 Gramineae　　别名：芦、苇子、葭

【形态特征】多年生大草本，高 0.5 ~ 2.5m。根状茎横走。秆直立，直径 2 ~ 10mm。叶鞘圆筒形；叶舌有毛；叶片长 15 ~ 45cm，宽 1 ~ 3.5cm。圆锥花序顶生，长 10 ~ 40cm，稍下垂，小穗含 4 ~ 7 花；第一颖比第二颖短；第一花通常为雄性，外稃长于内稃；第二外稃比内稃长，具 6 ~ 12mm 长的柔毛。颖果长圆形。花果期 7 ~ 11 月，绿期可延至初冬。分布全国各温带地区，为世界广布种。在天津广为分布，生态适应范围宽广，从平原水域到滨海滩涂，土壤含盐量 0.6% ~ 2.8% 的轻、重盐碱地或盐沼地盛产芦苇，形成大面积的芦苇湿地。生长在盐碱地地区的芦苇，属于专性拒盐植物，它们的地下根茎很长，可伸长到无盐害的地方。

【景观应用】芦苇的用途非常广泛，如造纸、制造人造棉和人造丝、编织苇席；全株均可入药，芦根清热生津、止呕、利尿；茎秆可清热排脓；叶能清肺止呕、止血、解毒。根含淀粉、蛋白质。是优良的固沙固堤植物，又是优良的饲料植物。

## 1.3.18 芦竹 *Arundo donax* L.　〔Giantreed〕

科名：禾本科 Gramineae

【形态特征】多年生高草本植物，具多节的根壮茎。秆粗壮，高 2 ~ 6m。叶长，扁平，宽 2 ~ 5cm。密圆锥花序，长 30 ~ 60cm；小穗含 2 ~ 4 小花，颖披针形，外稃具短芒，其背面下部有短柔毛，内稃短于外稃。萌芽期 4 ~ 5 月，花期 7 ~ 8 月，果期 9 月。

【景观应用】属专性盐生植物，能生长在土壤含盐量 0.6% ~ 1.0%、pH7.5 ~ 8.0 的滨海盐碱地中。是优良的护堤植物。

### 1.3.19 狭叶香蒲 *Typha angustifolia* L. 〔Narrow Leaf Cattail〕

科名：香蒲科 Typhaceae　别名：水烛、蒲草、蒲花

【形态特征】多年生沼生草本，高 1.5 ~ 3m。叶狭长形，宽 5 ~ 8mm，穗状花序圆柱形，长 30 ~ 60cm，雌雄花序不连接；雄花序在上，长 20 ~ 30cm，雄蕊 2 ~ 3 枚；雌花序在下，长 10 ~ 30cm，成熟时直径约 10 ~ 25mm。小坚果无沟。花期 6 ~ 7 月，果期 8 ~ 10 月。

【景观应用】能在半咸水水塘、沟渠中生长。

### 1.3.20 水葱 *Scirpus validus* Vahl. 〔Softstem Bulrush〕

科名：莎草科 Cyperaceae

【形态特征】多年生草本，挺水植物。具匍匐根状茎。秆高 1 ~ 2m，圆柱形，平滑，叶鞘管状，膜质，最上一个叶鞘有叶片。叶片线形，长 1.5 ~ 11cm。苞片 1，为秆的延长。花序 4 ~ 13 或更多的辐射枝；小穗单生或 2 ~ 3 个簇生；花多数；下位刚毛 6，与小坚果等长，棕红色；小坚果倒卵形，双凸状，长 2mm。花、果期 6 ~ 9 月，绿期可延至初冬。

【景观应用】能在半咸水水塘、沟渠中生长。

## 1.3.21 莲 *Nelumbo nucifera* Gaertn. 〔Hindu Lotus〕

科名：睡莲科 Nymphaeaceae　　别名：莲花、荷花

【形态特征】多年生水生草本。根状茎（藕）横生，肥厚，节间膨大，内有多数纵行通气孔道，藕节缢缩，生须状不定根。叶漂浮或伸出水面，圆形，直径 25～90cm，叶缘波状，上面深绿色，光滑，下面淡绿色。花单生，萼片 4～5，小型，早落。花瓣多数，红色、粉红色或白色。心皮多数离生，着生于花托穴内。花期 6～9 月，果期 8～10 月，绿期至秋末。

【景观应用】可生长在半咸淡水池中。品种甚多，用途甚广，花大、美丽、清香，我国普遍栽培供观赏。

## 1.3.22 荇菜 *Nymphoides peltatum* (S.G.Gmel.) Cuntze. 〔Shield Floatingheart〕

科名：龙胆科 Gentianaceae　　别名：金莲子、莲叶荇菜

【形态特征】多年生水生草本，浮叶根生，地下茎横走。叶对生或互生，圆形，长宽 2～7cm，基部深心形，上面绿色，下面密生紫褐色小腺点；叶柄基部抱茎。花序伞形状簇生叶腋；花梗长，具腺点；萼片披针形，有褐紫色腺点；花冠黄色，喉部具毛，裂片边缘具齿状毛；种子扁椭圆形，边缘有翅，褐色。花、果期 7～9 月。

【景观应用】能在半咸水水塘、沟渠中生长。

### 2. 耐盐植物（兼性盐生植物）

2.1 中度耐盐植物（耐盐度 0.6 % ~ 0.3%）

#### 2.1.1 枣 *Ziziphus jujuba* Mill. 〔Common Jujube Tree〕

科名：鼠李科 Rhamnaceae　别名：枣树、红枣

【形态特征】落叶乔木。高 2 ~ 10m。树皮褐色或灰褐色，有长短枝之分；新枝变曲呈"之"字形；有二托叶刺，一直一弯，长刺达 3cm，短刺下弯，长 4 ~ 6mm。当年单叶簇生于短枝上，叶卵状椭圆形，基生三出脉。花瓣 5，基部有爪。子房上位与花盘合生。核果长圆形，红色，后变紫红色。花期 5 ~ 7 月，果期 8 ~ 9 月，绿期至初冬。

【景观应用】耐盐果树，属兼性中度耐盐植物，适生土壤含盐量 0.3% ~ 0.6%，pH 8.0。枣的用途非常广泛，有绿化，观赏等作用。

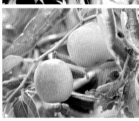

#### 2.1.2 合欢 *Albizia julibrissin* Durazz. 〔Silk Tree〕

科名：豆科 Leguminosae　别名：绒花树、马缨花、蓉花树

【形态特征】落叶乔木，高 4 ~ 10m。树皮浅灰色，小枝褐色，疏生皮孔。叶二回羽状复叶，羽片 4 ~ 12 对，小叶 10 ~ 30 对，镰刀形，长 6 ~ 12mm，宽 1 ~ 4mm，中脉侧生。头状花序多数，顶生，呈散扇状排列。花粉红色，花柱丝状与花丝等长，粉红色。荚果，种子 10 余粒。花期 6 ~ 7 月，果期 8 ~ 10 月，绿期至秋末。

【景观应用】属兼性耐盐树种，适生土壤含盐量 0.3% ~ 0.4%，pH < 8.0。树冠伞形，花红色艳丽，是名贵的庭园、公园观赏树。有绿化，观赏等作用。

## 2.1.3 日本皂荚 *Gleditsia japonica* Miq.　〔Japonese Honeylocust〕

科名：豆科 Leguminosae　别名：山皂荚

【形态特征】落叶乔木，高 6 ~ 15m，树干上有许多粗壮分枝的锐利枝刺，枝长约 5 ~ 10cm。皮绿褐色，有明显的皮孔。一回偶数羽状复叶，老枝叶二回，3 ~ 4 叶丛生；有小叶 16 ~ 22，长椭圆形，长 1 ~ 4cm，宽 8 ~ 15cm，全缘无毛。雌雄异株，雄花黄绿色；荚果带状，扭曲，长 20 ~ 30cm。花期 5 月，果期 10 月，绿期至秋末。

【景观应用】属兼性中度耐盐植物，在含盐量 0.3% ~ 0.4%、pH < 8.0 的滨海盐碱土中生长良好。供观赏。

## 2.1.4 洋槐　*Robinia pseudoacacia* L.　〔Yellow Locust〕

科名：豆科 Leguminosae　别名：刺槐

【形态特征】落叶乔木，高 10 ~ 25m。树皮褐色有深裂沟，小枝有托叶刺。小叶 7 ~ 25，椭圆或卵形，长 2 ~ 5cm，宽 1 ~ 2cm，先端有小尖头，全缘，无毛或幼时有疏短毛。总状花序腋生，长 10 ~ 20cm。花白色，芳香，旗瓣有爪，基部有黄色斑点。荚果扁平，线状长圆形，红褐色，无毛。种子 3 ~ 13 粒，黑色，肾形。花期 4 ~ 5 月，果期 9 ~ 11 月，绿期至秋末。

【景观应用】属兼性中度耐盐植物，耐旱、耐寒、耐盐碱，适生土壤含盐量 0.3% ~ 0.5%，pH < 8.0。北方多作行道树、防护林、薪炭林、绿化造林。

## 2.1.5 毛洋槐 *Robinia hispida* L. 〔Hispid Locust〕

科名：豆科 Leguminosae　　别名：无刺槐、江南槐

【形态特征】落叶乔木，高8m。总花梗及叶柄上有刚毛。小叶7～13，近圆或长圆形，长2～4cm，宽2～3cm，全缘，两面无毛。花玫瑰紫色或淡紫色，长2～5cm。常2～7朵花成腋生总状花序。荚果5～8cm，具腺状刚毛。花期7～8月，果期9～10月。

【景观应用】属兼性中度耐盐植物，在土壤含盐量0.3%～0.4%、pH＜8.0的滨海盐碱土中生长良好。公园、庭院绿地孤植或群植，供观赏。

## 2.1.6 槐树 *Sophora japonica* Linn. 〔Chinese Pagoda-tree〕

科名：豆科 Leguminosae　　别名：槐、国槐

【形态特征】落叶乔木，高15～25m。奇数羽状复叶，长15～25cm。小叶7～17，卵状椭圆形，长2.5～7.5cm，宽1.2～3cm。顶生圆锥花序，花黄白色，旗瓣有紫脉。荚果念珠状，肉质，长2.5～5cm，先端有细尖喙状物。种子1～6，肾形，黑褐色。花期7～8月，果期10月，绿期至秋末冬初。

【景观应用】属兼性中度耐盐植物，耐盐能力强，在土壤含盐量0.4%～0.5%、pH＜8.0的盐碱土中均能生长。树形优美、古雅，寿命长，主要栽培于庙宇、公园、庭院，也作行道树绿化树种。近代栽培变种、变型很多，供观赏。

## 2.1.7 龙爪槐 *Sophora japonica* L.f. *pendula* Hort. 〔Pendent Japanese Pagodatree〕

科名：豆科 Leguminosae

【形态特征】龙爪槐是槐树的园艺栽培变型，花、果、叶与原种形态相似，区别在于粗枝扭转斜向上升，小枝下垂，树冠伞形。花数稀少，花期 7 ~ 8 月，果期 10 月，绿期至秋末冬初。

【景观应用】属兼性中度耐盐植物，土壤含盐量 0.3% ~ 0.4%、pH < 8.0 的盐碱土中均能生长。公园、庭院有栽培，嫁接繁殖，供观赏。

## 2.1.8 黑松 *Pinus thunbergii* Parl. 〔Japanese Black Pine〕

科名：松科 Pinaceae    别名：日本黑松

【形态特征】常绿乔木，高达 25m，树皮灰褐色。针叶线形，一束 2 叶，长 10 ~ 15cm，叶内树脂道中生，冬芽银白色，球果长 4 ~ 6cm。

【景观应用】土壤粉沙质，属兼性耐盐植物，适生土壤含盐量 0.3% ~ 0.4%，pH < 8.0。作绿化树种供观赏。

## 2.1.9　旱柳　*Salix matsudana* Koidz.　〔Hankow Willow〕

科名：杨柳科 Salicaceae　　别名：柳树、汉宫柳

【形态特征】落叶乔木。树高可达 20m，胸径可达 1m。树皮粗糙深裂、暗灰黑色。叶披针形，长 5 ～ 10cm，宽 1 ～ 1.5cm，先端渐长，边缘有细锯齿，上面绿色有光泽，下面灰绿白色。种子极小，有极细的丝状种子毛。花期 3 ～ 4 月，果期 4 ～ 5 月，先花后叶，绿期至秋末。

【景观应用】属兼性中度耐盐植物，土壤含盐量 0.4 ～ 0.3%，pH < 8.0。用途广泛，常作防护林。

## 2.1.10　绦柳　*Salix matsudana* f. *pendula* Schneider　　〔Pendulous Hankow Willow〕

科名：杨柳科 Salicaceae　　别名：垂旱柳

【形态特征】为旱柳的变型。落叶大乔木。小枝细长而下垂，与垂柳 *Salix babylonica* 相似，其区别为雌花有 2 个腺体，垂柳只有 1 个腺体。花期 3 ～ 4 月，果期 4 ～ 5 月，先花后叶，绿期至秋末。

【景观应用】属兼性耐盐植物，适生土壤含盐量 0.4% ～ 0.5%，pH < 8.0。常作防护林。

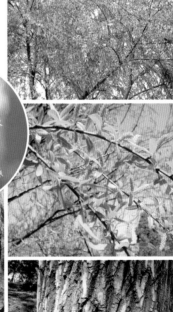

## 2.1.11 新疆杨 *Populus alba* L.var.*pyramidalis* Bge.  〔Xinjiang Poplar〕

科名：杨柳科 Salicaceae

【观赏要点】落叶乔木。高可达 30m，树冠窄圆柱形或尖塔形。树皮白或青灰色，光滑少裂，树干基部常纵裂。萌条和长枝叶掌状 3 ～ 7 深裂，基部平截，上面光滑，下面密被白色绒毛；短枝叶圆形，有粗缺齿，基部平截，下面绿色几无毛，上面深绿色。仅见雄株，雄株 6 ～ 8 枚，花药红色，具腺体 2 或无。花期 4 ～ 5 月，绿期至秋末。

【景观应用】本种耐盐度可达 0.4%，分根或扦插繁殖。用于防风固沙；孤植、群植，绿化造林。

## 2.1.12 加拿大杨 *Populus canadensis* Moench  〔Carolina Poplar〕

科名：杨柳科 Salicaceae　　别名：加杨

【形态特征】落叶高大乔木，树皮灰褐色带黑色，有纵沟裂口，树皮粗厚。叶三角形卵圆状，长 7 ～ 10cm，宽 6 ～ 8cm，边缘半透明，有圆齿，无毛。叶柄扁而长，无毛，带红色。花期 3 月，果期 4 月，先花后叶，绿期至秋末。

【景观应用】属兼性耐盐植物，在土壤含盐量 0.4%、pH < 8.0 的轻、中度盐碱土中生长良好。防护林树种，供绿化；观赏等。

## 2.1.13 毛白杨 *Populus tomentosa* Carr.　〔Chinese White Poplar〕

科名：杨柳科 Salicaceae　别名：响杨

【形态特征】落叶乔木，树高 30m 左右，胸径可达 1.0m。幼树树皮灰绿色，不开裂，皮孔菱形；老树干基部灰褐色或黑褐色，纵裂。枝痕较大，纺锤形。长枝上的叶三角状卵圆形，长 15 ～ 20cm，叶先端尖，心形，上面绿色，下面灰绿色，被白绒毛；短枝上的叶三角状卵形，长 5 ～ 12cm，下面光滑无毛。扁形叶柄。苞片密生绒毛。雌雄异株，葇荑花序，无花被，花先叶开放。蒴果。种子细小，具白绵毛。

【景观应用】属兼性耐盐植物，在含盐量 0.4%、pH < 8.0 的轻、中度盐碱土条件下引种栽培，扦插繁殖。

## 2.1.14 楝树 *Melia azedarach* L.　〔Chinaberry tree〕

科名：楝科 Meliaceae　别名：苦楝、楝果子、楝枣子

【形态特征】落叶乔木，高 15 ～ 20m；树皮纵裂。叶二～三回奇数羽状复叶，互生，长约 20 ～ 40cm；小叶椭圆形，先端尖，长 3 ～ 7cm，宽 2 ～ 3cm，边缘有钝锯齿，基部约偏斜。圆锥花序腋生；花紫色或淡紫色；花萼 5；花瓣 5，倒披针形；雄蕊 10，花丝合生成筒。核果近球形，1.5 ～ 2cm，4 ～ 5 室，淡黄色；每室种子 1 粒。花期 4 ～ 5 月，果期 9 ～ 10 月，绿期至秋末。

【景观应用】兼性耐盐植物，在土壤含盐量 0.3% ～ 0.4%、pH < 8.0 的盐碱土中生长良好。

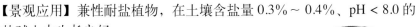

## 2.1.15 榆 *Ulmus pumila* L.　　　〔Siberian Elm〕

科名：榆科 Ulmaceae　　别名：家榆、白榆、榆树

【形态特征】落叶大乔木，树高 15m 以上。树皮暗灰褐色，粗糙，纵裂。叶椭圆状卵形，长 2 ~ 9cm，宽 1 ~ 3.5cm，两边近对称，边缘为单锯齿，侧脉 9 ~ 16 对，两面无毛或脉腋有毛。花在春季先叶开放。聚伞花序生去年枝上，翅果长 1 ~ 1.5cm，种子位于翅的中上部。花期 3月，果期 4 月，绿期长达 8 个月。

【景观应用】属兼性耐盐植物，适应含盐量 0.4% ~ 0.5% 中度盐碱地、pH < 8.0 的土壤环境。榆树多作庭院、道旁绿化树种。

## 2.1.16 龙柏 *Sabina chinensis* (L.) Ant.cv.Kaizuca.　　〔Dragon Juniper〕

科名：柏科 Cupressaceae　　别名：龙爪柏

【形态特征】常绿乔木，属圆柏的栽培变种。树冠塔形，枝条端梢扭转上升。鳞叶，翠绿色。以侧柏为砧木嫁接繁殖。树形美观，常作园林绿化观赏植物。花期 5 ~ 6 月，种子 8 ~ 10 月，四季常青。

【景观应用】属盐生耐盐植物，在土壤含盐量 0.3% ~ 0.4%、pH < 8.0 的中度盐碱土中生长良好。供绿化，观赏。

## 2.1.17 偃柏 *Sabina chinensis* var. *sargentii* (Henry) Cheng et L.K.Fu. 〔Prostrate Chinese Juniper〕

科名：柏科 Cupressaceae 别名：爬地柏、偃桧

【形态特征】常绿匍匐灌木，属圆柏的一变种，主要特点是枝条匍匐状，小枝上升成密丛状；叶常为鳞叶、刺叶交互对生，具白色气孔带；球果蓝色。花期 5～6 月，种子翌年 10 月成熟，四季常青。

【景观应用】属兼性耐盐植物，在土壤含盐量 0.4% 以下、pH < 8.0 的盐碱土中生长良好。供绿化，观赏。因匍匐地面生长，能保持水土，改良盐碱地。

## 2.1.18 无花果 *Ficus carica* L. 〔Fig〕

科名：桑科 Moraceae

【形态特征】落叶小乔木或灌木，高 1～4m，萌发枝多。树皮暗褐色，皮孔明显。叶近革质，宽卵形或近圆形，长、宽相等约 10～20cm，3～5 裂，掌状脉明显，上面粗糙，下面被柔毛，边缘具浅圆齿。隐头花序生叶腋，雄花生瘿花序托内，雌花生另一花托中。隐花果梨形，长 5～6cm，直径 3～4cm，肉质，绿色或紫褐色。花期 4～6 月，果期 7～10 月，绿期至秋末。

【景观应用】属兼性耐盐植物，耐盐能力强，适应于含盐量 0.4%～0.5%，pH < 8.0 的盐碱地。原产地中海。可在公园绿地孤植或群植，供观赏。

### 2.1.19 金叶女贞 *Ligustrum vicaryi* Rehd.　〔Yellow Privet〕

科名：木犀科 Oleaceae

【形态特征】常绿灌木，高 50 ~ 150cm，叶对生，卵形，长 3 ~ 3.5cm。枝条上部叶金黄色，小圆锥花序，白色，果紫黑色，核果。花期 5 ~ 6 月，果期 9 ~ 10 月，绿期至初冬，北方变为落叶过冬。

【景观应用】属兼性耐盐植物，在土壤含盐量 0.4% 左右、pH < 8.0 的土壤环境中生长良好。喜光、喜温，不耐干旱和荫蔽，耐盐碱和大气污染。扦插繁殖。供绿化、观赏；作绿篱、花坛。

### 2.1.20 侧柏 *Platycladus orientalis*（L.）Franco.　〔Chinese Arborvitae〕

科名：柏科 Cupressaceae　别名：柏树、香柏、扁柏

【形态特征】常绿乔木，树高达 20m，胸径可达 1.6m，小枝扁平，羽状分枝成一平面垂直侧生。鳞叶交互对生。雌雄同株。花期 3 ~ 4 月，种子 10 月成熟，四季常青。

【景观应用】属兼性耐盐植物，在土壤含盐量 0.4% 以下、pH > 8.0 的盐碱土中生长良好。

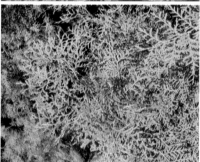

### 2.1.21 千头柏 *Platycladus orientalis* 'Sieboldii' 〔Siebold Chinese Arborvitae〕

科名：柏科 Cupressaceae 别名：子孙柏、凤尾柏、扫帚柏

【形态特征】属于侧柏栽培变种。灌木，端枝淡黄绿色，高 2m，小枝扁平，鳞叶交互对生。雌雄同株。球花单生枝顶，球果当年成熟。种鳞厚，扁平。种子 1 ~ 2 粒。花期 3 ~ 4 月，种子 10 月成熟。

【景观应用】属兼性耐盐植物，在土壤含盐量 0.4% 以下、pH < 8.0 的盐碱土中生长良好。为庭院观赏树，或作绿篱。

### 2.1.22 白杜卫矛 *Euonymus maackii* Rupr. 〔Maackii Spindle-tree〕

科名：卫矛科 Celastraceae 别名：明开夜合、丝棉木、华北卫矛

【观赏要点】落叶乔木，高 6 ~ 10m。叶对生，卵形，长 4 ~ 7cm，宽 2 ~ 5cm，叶缘有锯齿。花白绿色，直径 4mm，花 4 数，二歧聚伞花序。蒴果粉红色。种子淡棕色，假种皮红色。花期 5 ~ 6 月。

【景观应用】引种公园为绿化，观赏树种。

## 2.1.23　冬青卫矛 *Euonymus japonicus* L.　　〔Japanese Spindle-tree〕

科名：卫矛科 Celastraceae　　别名：大叶黄杨、万年青、正木

【形态特征】常绿灌木或小乔木，高 1 ~ 3m。小枝上有疣点状皮孔。对生叶，革质，叶面光亮，椭圆形，长 3 ~ 6.5cm，宽 2 ~ 4cm，叶缘浅钝圆齿。聚伞花序，花白绿色，4 数，直径 7mm。蒴果。种子外被红色假种皮。花期 5 ~ 6 月，四季常青。

【景观应用】属兼性耐盐植物，在含盐量在 0.3% ~ 0.5% 的轻、中盐碱土中生长良好。作绿篱，供观赏。

## 2.1.24　红花锦鸡儿 *Caragana rosea* Turcz et Maxim.　　〔Red flower Peashrub〕

科名：豆科 Leguminosae　　别名：锦鸡儿

【形态特征】落叶灌木，丛生，高 3m。枝黄灰绿色，无毛。托枝刺状。小叶 4 枚，假掌状排列，倒卵形，长 1.5 ~ 2.5cm，宽 0.4 ~ 1cm，先端具刺尖。花单生，花梗有关节。花冠鲜黄色，后变红紫色。荚果圆筒形，长约 6cm，褐色。花期 5 ~ 6 月，果期 7 ~ 8 月，绿期至秋末。

【景观应用】属兼性耐盐植物，耐盐能力强，在土壤含盐量 0.3% ~ 0.5%、pH < 8.0 的盐碱土中均能生长。供观赏。

## 2.1.25 曼陀罗 *Datura stramonium* L. 〔Jimsonweed〕

科名：茄科 Solanaceae　　别名：万桃花、闹羊花、醉心花

【形态特征】草本或半灌木状。茎粗壮，下部木质化。叶广卵形，叶缘不规则浅裂。花单生，生于叉枝间或叶腋，花直立，有短梗；花萼筒状，筒部有5棱角；花冠漏斗形，下半部带绿色，上部白色、紫色或淡紫色；雄蕊不伸出花冠；子房密生针毛。蒴果直立生，卵形，表面具针刺或无，规则4瓣裂。4～5月萌发，花果期6～10月。

【景观应用】本种耐盐性能强，能在土壤含盐量0.3%～0.6%的盐生荒地中生长。

## 2.1.26 蓖麻 *Ricinus communis* L. 〔Castorbean〕

科名：大戟科 Euphorbiaceae

【形态特征】一年生草本。株高1.5～2m。茎直立，中空。叶盾形，掌状5～11裂，裂片卵形或窄卵形，缘具齿，无毛；叶柄长；托叶合生，早落。花单性，雌雄同株，无花瓣；聚伞圆锥花序顶生或与叶对生。蒴果，长圆形或近球形。种子长圆形，有种阜，具白色斑纹。花期7～8月，果期9～10月，绿期至秋末。

【景观应用】属兼性耐盐植物，在土壤含盐量0.4%～0.6%，pH＜8.0的盐碱土中生长良好。供观赏。

## 2.1.27 马蔺 *Iris lectea* Pall.var.*chinensis* (Fisch.)Koidz.　　〔Chinese Iris〕

科名：鸢尾科 Iridaceae　　别名：马莲、紫兰草、兰花草

【形态特征】多年生草本。根状茎短而粗壮，常聚集成团。叶线形，平滑无毛。花蓝紫色。花被片6，外轮3片较大，匙形，向外弯曲中部有黄色条纹；内轮3片花被片较小，披针形，直立。蒴果，长圆柱形，具3棱；种子多数，近球形，红褐色，具不规则的棱。花期5～6月，果期6～7月，绿期较长。

【景观应用】属兼性耐盐植物，耐盐能力强，在含盐量0.3%～0.4%的盐碱地中正常生长。

## 2.1.28 向日葵 *Helianthus annuus* L.　　〔Sunflower〕

科名：菊科Compositae

【形态特征】一年生高大草本，高1～3m。茎粗壮被硬刚毛。叶互生，长10～30cm以上，宽卵形，叶缘具粗锯齿，两面被粗毛，叶柄长。头状花序生茎顶，花盘直径35cm，总苞片卵圆形或卵状披针形，被硬刚毛。雌花舌状，金黄色，不育两性花管状，结实。花托平，托片膜质。瘦果，冠毛具2鳞片，呈芒状。花期6～7月，果期8～9月，绿期至秋末。

【景观应用】属兼性耐盐植物，在含盐量0.3%～0.5%的盐碱土中生长良好。

## 2.1.29 苘麻 *Abutilon theophrasti* Medic. 〔Chingma Abutilon〕

科名：锦葵科Malvaceae 别名：白麻、青麻

【形态特征】一年生草本，高1～2m。茎直立，绿色，被柔毛。叶圆心形，长5～12cm，宽4～11cm。两面被星状柔毛。叶柄长3～12cm。花单生叶腋，花梗长1～3cm，具关节。萼杯状，花瓣黄色，心皮15～20，轮状排列。果实半球形，直径约2cm，分果瓣顶具2长芒，种子肾形。萌发期6月，花期7～8月，果期9月。

【景观应用】野生或栽培，属兼性耐盐植物，在含盐量0.4%～0.6%的中盐碱土中普遍生长。

## 2.1.30 大花马齿苋 *Portulaca grandiflora* Hook. 〔Largeflower-Purslane〕

科名：马齿苋科 Portulacaceae 别名：半支莲、死不了、草杜鹃

【形态特征】一年生草本，茎半向上生长。叶肉质，圆筒形，长2.5cm，花下叶较长形成总苞，具簇生长毛，花顶端簇生，花径3～4.5cm；花瓣5数，具各种颜色。蒴果；种子多数。花、果期6～9月，绿期至秋末。

【景观应用】属兼性耐盐植物，轻度耐盐草花，在土壤含盐量0.3%，pH＜8.0的土壤环境中生长良好。供观赏。

## 2.1.31 费菜 *Sedum aizoon* L.　〔Aizoon Stonecrop〕

科名：景天科 Crassulaceae　　别名：见血散、土三七

【观赏要点】多年生草本，直立，不分枝，茎高 20 ~ 50cm。叶互生，长披针形至倒披针形，长 5 ~ 8cm，宽 1.7 ~ 2cm，顶端渐尖，基部楔形，叶缘有不整齐锯齿，几无柄。聚伞花序；花密生；萼片 5，长 3 ~ 5mm；花瓣 5，黄色，长 6 ~ 10mm；蓇葖果星芒状。花期 8 ~ 9月，果期 10 月，绿期至秋末。

【景观应用】属兼性耐盐植物，轻度耐盐地被植物，在含盐量 0.3%、pH < 8.0 的土壤环境中生长良好。

## 2.1.32 五叶地锦 *Parthenocissus quinquefolia* (L.) Planch.　〔Virginia Creeper〕

科名：葡萄科 Vitaceae　　别名：五叶爬山虎

【形态特征】落叶木质攀缘藤本。叶为 5 小叶掌状复叶。幼枝淡红色，4 棱。小叶椭圆状卵形，较大，长 3 ~ 10cm。花期 6 ~ 8 月，果期 9 ~ 10 月，绿期至初冬。

【景观应用】属兼性耐盐植物，适应于土壤含盐量 0.3% ~ 0.4%、pH 8.0 的盐碱地。供观赏。

## 2.1.33 紫花苜蓿 *Medicago sativa* Linn. 〔Alfalfa〕

科名：豆科 Leguminosae　　别名：紫苜蓿、苜蓿、苜草

【形态特征】多年生草本，高 30 ～ 100cm。茎直立或基部斜卧，多分枝。叶为羽状复叶，小叶 3，倒卵形、椭圆形或披针形，长 1 ～ 2.5cm，宽 0.5cm，先端圆钝，基部楔形，上部叶缘有锯齿，下面有白色伏毛；托叶披针形。总状花序腋生，近头状。花萼有柔毛；花冠蓝紫色或紫色。荚果螺旋形，先端有喙；种子肾形，黄褐色。花果期 5 ～ 8 月，绿期至秋末。

【景观应用】耐盐碱，属兼性耐盐植物，中度耐盐能力，在土壤含盐量 0.3%～ 0.6%、pH < 8.0 盐碱土中生长良好。公园引种作草坪，供观赏；并有绿化，绿肥，改良盐碱土，保持水土的功能。

## 2.1.34 葡萄 *Vitis vinifera* L. 〔Wine Grape〕

科名：葡萄科 Vitaceae

【形态特征】落叶木质攀缘藤本，长达 30m。茎皮褐色，叶片状剥落。卷须与枝对生。叶 5 浅裂，叶缘具粗齿。圆锥花序大与叶对生。果序下垂，果实大小、颜色依品种不同而各异。花期 5 ～ 6 月，果期 7 ～ 9 月，绿期至秋末。

【景观应用】属于兼性耐盐植物，在土壤含盐量 0.3%～ 0.4%，pH < 8.0 的轻、中盐碱地均能栽培。葡萄用途广泛；可供绿化、观赏。

## 2.1.35 地黄 *Rehmannia glutinosa* Libosch.ex Fisch.et Mey.　　〔Adhesive Rehmannia〕

科名：玄参科 Scrophulariaceae

【形态特征】多年生草本，全株被灰白色或淡褐色长柔毛及腺毛。根状茎肉质肥厚，鲜时黄色。茎高 5～30cm，紫红色，茎上少有叶。叶常基生，倒卵形，长 2～10cm，宽 1～3cm，叶面皱纹，叶缘不整齐锯齿，上面绿色，下面淡紫色。总状花序顶生，花梗长 1～3cm，花萼钟状，花冠筒状微弯，长 3～4cm，外面紫红色，内面黄色有紫斑，二唇形，上唇 2 裂，下唇 3 裂；硕果。花期 4～6 月，果期 7～10 月，绿期至秋末。

【景观应用】属兼性耐盐植物，能生长在土壤含盐量 0.3%～0.6%、pH < 8.0 的盐碱土中。供绿化，观赏。

2.2 轻度耐盐植物（耐盐度 0.3% 以下）

## 2.2.1 圆柏 *Sabina chinensis* (L.) Ant.　　〔Chinese Juniper〕

科名：柏科 Cupressaceae　　别名：桧柏、刺柏、红心柏

【形态鉴别】常绿乔木，树高达 20m，胸径可达 1m 以上。树皮深灰色，条状剥落。幼时为针刺叶，老树多鳞形叶。雌雄异株。球果紫黑色。原产我国，分布广，树形美观，品种较多，均可作城市园林植物。花期 4～6 月，种子翌年 10～11 月成熟，种子 2～3 粒，四季常青。

【景观应用】属兼性耐盐树种，在土壤含盐量 0.3% 以下、pH < 8.0 的轻盐碱土中生长良好。供绿化；观赏。

### 2.2.2 紫荆 *Cercis chinensis* Bge. 〔Chinese Redbud〕

科名：豆科 Leguminosae

【形态特征】落叶灌木，高 3 ～ 4m。小枝灰褐色，无毛，有皮孔。单叶，互生，近圆形，长 6 ～ 14cm，宽 5 ～ 14cm，先端急尖，基部心形，无毛，上面深绿色，下面淡绿色。花先于叶开放，4 ～ 10 朵簇生于老枝上。花冠紫红色，长约 1.5 ～ 1.8cm。荚果扁平，长 5 ～ 14cm，宽 1.3 ～ 1.5cm，褐色，顶端有短喙，腹缝线上有狭翅。种子 1 ～ 8 粒。早春开花，为著名的花灌木，花期 4 月，果期 8 ～ 9 月，绿期至秋末。

【景观应用】属兼性耐盐植物，中度耐盐能力，在土壤含盐量 0.3%、pH < 8.0 的盐碱土中均能生长。供观赏。

另有白花紫荆 *Cercis chinensis* Bge. f. *alba* P.S.Hsu，主要特征为花朵白色。

### 2.2.3 紫藤 *Wisteria sinensis* (Simg) Sweet. 〔Chinese Wisteria〕

科名：豆科 Leguminosae

【形态特征】落叶木质藤本植物。枝灰褐色。奇数羽状复叶，互生，长 20 ～ 30cm，小叶 7 ～ 13，卵状披针形，长 5 ～ 11cm，宽 1.5 ～ 5cm，全缘，幼时两面疏生柔毛，成熟时近无毛。总状花序侧生下垂，长 15 ～ 30cm。花紫色或深紫色。荚果扁平，长 10 ～ 20cm，密生灰褐色短柔毛。花期 4 ～ 5 月，果期 7 ～ 8 月，绿期至秋末。

【景观应用】耐轻盐碱大藤本植物，属兼性耐盐植物，轻度耐盐能力，在含盐量 0.3 以下%、pH < 8.0 的土壤环境条件下生长良好。供观赏。

相近种有藤萝 *W.villosa* Rehd.，花淡紫色，成熟叶下面密生柔毛。

### 2.2.4　构树　*Broussonetia papyrifera* Vent.　〔Common Papermulberry〕

科名：桑科 Moraceae　　别名：楮树、谷浆树

【形态特征】落叶乔木，高可达 18m。树皮淡灰色，平滑或浅裂，小枝密生柔毛，茎皮坚韧。叶卵圆形，不裂或 3～5 裂，长 7～20cm，宽 6～15cm，叶缘有锯齿，上面深绿色，具粗糙伏毛，下面灰绿色，密被柔毛。雌雄异株，雄花荑花序，绿色；雌花头状花序，径约 1.2～1.8cm。聚花果球形、肉质红色，径 2～3cm。花期 5 月，果期 9～10 月，绿期至秋末。

【景观应用】属兼性耐盐植物，在土壤含盐量 0.3%左右、pH＜8.0 的轻盐碱地均可栽培。耐干旱，抗尘埃污染。供公园、庭院绿化；观赏。

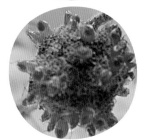

### 2.2.5　桑　*Morus alba* L.　〔White Mulberry〕

科名：桑科 Moraceae　　别名：白桑、家桑

【形态特征】落叶乔木，高 3～7m 以上。树皮灰褐色，浅纵裂。叶互生，卵形，长 6～15cm，宽 3～13cm，边缘有锯齿，有时呈不规则分裂，上面鲜绿色，光滑，下面脉上有毛。花叶同时开放，雌雄异株。柔荑花序，肉质花被。瘦果，聚花果，俗称桑椹，紫黑色或白色。花期 5 月，果期 7 月，花叶同期开放，绿期至秋末。

【景观应用】属兼性耐盐植物，耐盐能力强，在土壤含盐量 0.3%左右、pH＜8.0 的盐碱土上生长良好。树形美观，公园、庭院栽培供观赏。

### 2.2.6 龙爪桑 *Morus alba* 'Tortusa' 〔Tortuous Mulberry〕

科名：桑科Moraceae

【形态特征】园艺栽培种。落叶乔木，高 3 ～ 7m 以上。树皮灰褐色，浅纵裂。枝条弯曲向上生长成扭曲状。叶互生，卵形，较大，边缘有锯齿，有时呈不规则分裂，上面鲜绿色，光滑。花叶同时开放，雌雄异株。柔荑花序，肉质花被。瘦果，聚花果。花期 5 月，果期 7 月，花叶同期开放，绿期至秋末。

【景观应用】属兼性耐盐植物，轻盐碱土上生长良好。树形美观，公园、庭院栽培供观赏。

### 2.2.7 馒头柳 *Salix matsudana* Koidz.var.*umbraculifera* Rehd. 〔Hankow Willow〕

科名：杨柳科 Salicaceae　　别名：柳树、汉宫柳

【形态特征】落叶乔木，树冠阔伞形或半圆形，呈馒头状。树高可达 8m，胸径达 15cm。树皮粗糙纵裂、暗灰黑色。叶披针形，长 5 ～ 9cm，宽 0.8 ～ 1.0cm，先端渐长。开花期 3 ～ 4 月，果期 5 月，绿期至秋末。

【景观应用】属兼性耐盐植物，适生土壤含盐量 0.3% ～ 0.4%，pH < 8.0，耐盐能力较强。常作行道树、防护林栽培。

## 2.2.8　毛泡桐 *Paulownia tomentosa* (Thunb.) Steud.　　〔Royal Paulownia〕

科名：玄参科 Scrophulariaceae

【形态特征】落叶乔木，高 20m，胸径可达 1m。树皮灰褐色，浅裂。小枝绿褐色，具长腺毛。叶卵形或心脏形，长 20 ～ 40cm，宽 15 ～ 35cm，全缘或 3 ～ 5 浅裂，上面毛稀疏，下面毛密生；新枝叶较大，密被腺毛及分枝毛。花序大，圆锥形，长 40 ～ 50cm，花冠紫色，漏斗状钟形，长 5 ～ 7cm，直径 4.5cm。蒴果卵圆形，果皮厚。花期 4 ～ 5 月，果期 9 ～ 10 月，绿期至秋末。

【景观应用】属兼性耐盐植物，在土壤含盐量 0.3% ～ 0.4%，pH < 8.0 的盐碱地可以栽培。作行道树绿化树种，公园观赏树。

## 2.2.9　海棠花 *Malus spectabilis* (Ait.)Borkh.　　〔Chinese Flowering Crabapple〕

科名：蔷薇科 Rosaceae　　别名：海棠

【形态特征】乔木，高 8m。老枝红褐色，无毛。叶片椭圆形，长 5 ～ 8cm，宽 2 ～ 3cm.叶缘有细锯齿，或部分近全缘；叶柄长 1.5 ～ 2cm。花序近伞形，花 4 ～ 6 朵；花直径 4 ～ 5cm；萼片三角卵形，内面有绒毛；花瓣白色，花蕾期粉红色。果实近球形，直径 1.5 ～ 2cm，果实黄色；萼片宿存，基部不洼陷。但变化较大，果梗细长，3 ～ 4cm。花期 4 ～ 5 月，果期 8 ～ 9 月，绿期至秋末。

【景观应用】属兼性耐盐植物，在土壤含盐量 0.3% 左右、pH < 8.0 的盐碱地可以栽培。为著名的观赏树木。供观赏。

## 2.2.10 海棠果 *Malus prunifolia* (Willd) Borkh. 〔Pearleaf Crabapple〕

科名：蔷薇科 Rosaceae　别名：楸子

【形态特征】乔木，高 3 ~ 8m。老枝灰紫色，无毛。叶片椭圆形，长 5 ~ 9cm，宽 4 ~ 5cm。叶缘有细锯齿；叶柄长 1 ~ 5cm。伞形花序，花 4 ~ 10 朵；花直径 4 ~ 5cm；萼片三角形披针形，两面有毛；花瓣白色，花蕾期粉红色。果实卵形，直径 2 ~ 2.5cm，果实红色；萼片宿存，基部微凸起。果梗细长。花期 4 ~ 5 月，果期 8 ~ 9 月，绿期至秋末。

【景观应用】属兼性耐盐植物，在土壤含盐量 0.3% 左右、pH < 8.0 的盐碱地野生或栽培。供观赏。

## 2.2.11 红叶李 *Prunus cerasifera* Ehrh. f. *atropurpurea* Jacq Rehd. 〔Red-Leaf Plum〕

科名：蔷薇科 Rosaceae　别名：紫叶李、樱桃李

【形态特征】落叶小乔木，高 7m，叶椭圆状披针形，长 5 ~ 7cm，紫红色。花单生，花瓣淡红色。核果近球形。花期 4 ~ 5 月，果期 7 ~ 10 月，绿期至秋末。

【景观应用】属兼性耐盐植物，在含盐量 0.3% 左右、pH < 8.0 的土壤环境中生长良好。供观赏。

## 2.2.12 桃 *Prunus persica* (L.) Batsch.　　〔Peach〕

科名：蔷薇科 Rosaceae　　别名：桃子

【形态特征】落叶乔木，高12m。叶椭圆状披针形，长5～7cm。花单生，先叶开放。花瓣粉红色；雄蕊多数；子房具柔毛；核果近球形，表皮被绒毛。花期4～5月，果期6～9月，绿期至秋末。

【景观应用】属兼性耐盐植物，轻度耐盐。在含盐量约0.3％、pH＜8.0的土壤环境中生长良好。供观赏。

## 2.2.13 玫瑰 *Rosa rugosa* Thunb.　　〔Rugosa Rose〕

科名：蔷薇科 Rosaceae　　别名：刺玫花

【形态特征】落叶灌木，高2m。丛生，密生短柔毛，有细长的皮刺和针刺。奇数羽状复叶，小叶5～9，椭圆形，长2～5cm，宽1～2cm，叶缘钝锯齿，上面有光泽，无毛、多皱，下面灰绿色，有绒毛及腺毛。花单生或3～6朵聚生枝端，有浓香气，直径6～8cm；花瓣紫红色，少有白色，重瓣。果扁球形，直径2～2.5cm，红色。原产华北，现各地栽培，是园林中重要的花灌木。花期4～5月，果期9～10月，绿期至秋末。

【景观应用】属兼性耐盐植物，轻度耐盐。在含盐量0.3％～0.4％、pH＜8.0的土壤环境中生长良好。

## 2.2.14 黄刺玫 *Rosa xanthina* Lindl. 〔Manchuria Rose〕

科名：蔷薇科 Rosaceae　别名：黄刺莓

【形态特征】落叶灌木。小枝多皮刺。奇数羽状复叶，小叶 7 ~ 13，近圆形，长 8 ~ 15mm，宽 5 ~ 10mm，下面幼时有毛；叶柄长 8 ~ 15mm。花单生，直径约 4cm；萼片长 1cm，全缘；花瓣黄色。蔷薇果近球形，直径 1 ~ 1.2cm，红褐色，萼片宿存。花期 4 ~ 5，果期 7 ~ 8，绿期至秋季。

【景观应用】属兼性耐盐植物，轻度耐盐。在含盐量 0.3% ~ 0.4%、pH < 8.0 的土壤环境中生长良好。

## 2.2.15 月季花 *Rosa chinensis* Jacq. 〔China Rosa〕

科名：蔷薇科 Rosaceae　别名：四季蔷薇、月月红、月月花

【形态特征】常绿或半常绿灌木，高 1 ~ 2cm。小枝上有钩状皮刺。奇数羽状复叶，小叶 3 ~ 5，卵状长圆形，长 2 ~ 7cm，叶缘有尖锯齿；叶柄、叶轴上密生皮刺及腺毛。花单生或几朵簇生成伞房状，直径约 4 ~ 6cm，有香气。花重瓣，红色、深红色、粉红色或白色等，花色形态多姿多态，品种繁多。花果期 5 ~ 11 月，绿期至初冬。

【景观应用】在土壤含盐量 0.3% ~ 0.4%、pH < 8.0 的盐碱地均可栽培。供观赏。

### 2.2.16 石榴 *Punica granatum* L. 〔Pomegranate〕

科名：石榴科 Punicaceae　别名：安石榴、若榴木

【形态特征】小乔木或灌木，高 3 ~ 5m。树皮灰褐色，浅裂条状，小枝平滑，顶端常变成针刺。长枝叶对生，短枝叶簇生，全缘。花红色，径 2.5 ~ 4cm，萼红色，革质，雄蕊着生于萼筒上。浆果球形，径 7 ~ 10cm，褐黄色至红色；花萼宿存。种子具肉质外种皮和坚硬的内种皮，粉红色。花期 6 ~ 7 月，果期 9 ~ 10 月，绿期至秋末。

【景观应用】属兼性耐盐植物，在土壤含盐量 0.3% ~ 0.4%、pH < 8.0 的轻盐碱土中生长良好。作公园、庭院观赏、绿化用。

### 2.2.17 紫薇 *Lagerstroemia indica* L. 〔Crape Myrtle〕

科名：千屈菜科 Lythraceae　别名：百日红、痒痒树

【形态特征】落叶灌木或小乔木，高达 7m。树皮光滑，淡褐色，幼枝约四棱形，常有狭翅。叶对生，上部叶互生，椭圆形。圆锥花序顶生，长 6 ~ 20cm；花瓣 6，紫红色或鲜红色。花瓣边缘皱曲；雄蕊多数；蒴果。种子具翅。花、果期 7 ~ 10 月，绿期至秋末。

【景观应用】属兼性耐盐植物，在土壤含盐量 0.3% 的轻盐碱土中生长良好。花色艳丽，供观赏。

## 2.2.18 千屈菜 *Lythrum salicaria* L. 〔Purple Loosestrife〕

科名：千屈菜科 Lythraceae 别名：水柳、对叶莲

【形态特征】多年生草本，根木质状。茎分枝，四棱形或六棱形。下部叶对生，上部叶互生，少有轮生，叶披针形。总状花序顶生，花带紫色，花瓣6；雄蕊12；6长6短，2轮形状各异。蒴果。花期7～9月，绿期至晚秋。

【景观应用】在土壤含盐量0.4%、pH 8.5的盐碱土区域生长，属兼性耐盐植物。多生长在池塘、沟渠水边湿地。供观赏。

## 2.2.19 日本小檗 *Berberis thunbergii* DC. 〔Japanese Barberry〕

科名：小檗科 Berberidaceae 别名：小檗

【形态特征】落叶灌木，高1m。嫩枝黄色或紫红色，无毛，老枝紫褐色。刺不分枝，长5～18mm。叶呈卵形，长0.5～2cm，宽5～15mm，上面绿色，下面灰绿色，无毛。花单生或2～3朵簇生成伞形花序。花瓣黄色，基部有爪。浆果椭圆形，鲜红色。花期4～6月，果期7～10月，绿期至秋末。

【景观应用】属兼性耐盐灌木植物，轻度耐盐。在含盐量0.3%、pH < 8.0的土壤环境中生长良好。常作绿篱，绿化供观赏。

## 2.2.20　紫叶日本小檗 *Berberis thunbergii* DC. var. *atropurpurea* Chenault　〔Purple Barberry〕

科名：小檗科 Berberidaceae　　别名：紫叶小檗

【形态特征】为日本小檗的变种。落叶灌木，高 1m。叶卵形，长 0.5 ～ 2cm，宽 5 ～ 15mm，叶片紫红色。花单生或 2 ～ 3 朵簇生成伞形花序。花瓣黄色，基部有爪。浆果椭圆形，鲜红色。花期 4 ～ 6 月，果期 7 ～ 10 月，绿期至秋末。

【景观应用】属兼性耐盐灌木植物，轻度耐盐。在含盐量 0.3% 左右、pH < 8.0 的土壤环境中生长良好。常作花坛、庭院篱笆，供观赏。

## 2.2.21　木槿 *Hibiscus syriacus* L.　　〔Rose of Sharon〕

科名：锦葵科 Malvaceae　　别名：篱障花、红槿花

【形态特征】落叶灌木，高 2 ～ 3m，多分枝。叶菱状卵圆形，上部常 3 浅裂或不整齐粗齿。花单生于枝端叶腋，花冠钟形，紫色，直径 5 ～ 6cm。蒴果卵圆形，被金黄色星状毛。种子肾形，背面有淡黄色长柔毛。花紫红色和白色，重瓣和单瓣。木槿有单瓣白花木槿和重瓣白花木槿两个变种。花期 7 ～ 10 月，绿期至秋末。

【景观应用】属兼性耐盐植物，轻度耐盐花灌木。在土壤含盐量约 0.3%、pH < 8.0 的土壤环境中生长良好。供观赏和作绿篱。

## 2.2.22　连翘　*Forsythia suspense* (Thunb.)Vahl　〔Weeping Fersythia〕

科名：木犀科 Oleaceae　　别名：黄寿丹

【形态特征】蔓生性落叶灌木，枝条下垂，高4m，小枝褐色，枝髓中空，稍四棱形。叶对生，单叶或羽状三出复叶，顶叶大，长卵形，长3～10cm，宽2～5cm，叶缘有不整齐的锯齿。先叶开花，花黄色，花萼裂片与花冠管等长。蒴果。花期3～4月，果期9月，绿期至秋末。

【景观应用】属兼性耐盐植物，轻度耐盐花灌木。在含盐量约0.3%、pH＜8.0的土壤环境中生长良好。连翘为早春开花，供观赏。

## 2.2.23　海州常山　*Clerodendrum trichotomum* Thunb.　〔Harlequin Glorybower〕

科名：马鞭草科 Verbenaceae　　别名：臭梧桐、炮火桐、追骨风

【形态特征】落叶灌木或小乔木。株高1.5～10m。老枝灰白色，具皮孔，髓白色。叶卵状椭圆形或三角状卵形，表面深绿色，背面淡绿色。伞房状聚伞花序，顶生或腋生；花香，花冠白色或带粉红色；核果，近球形，包藏于增大的宿存萼内，成熟时外果皮蓝紫色。花、果期5～10月，绿期至秋末。

【景观应用】属兼性耐盐植物，轻度耐盐花灌木。在含盐量0.3%、pH＜8.0的土壤环境中生长良好。适合于轻盐碱土栽培。供观赏。

## 2.2.24 金银忍冬 *Lonicera maackii* (Rupr.) Maxim. 〔Amur Honeysuckle Tree〕

科名：忍冬科 Caprifoliaceae 别名：金银木 马氏忍冬

【形态特征】落叶灌木，高 5m，小枝中空，幼时具柔毛。叶卵状椭圆形，长 5 ~ 8cm，宽 2.5 ~ 4cm，叶上有柔毛，叶缘具睫毛。花冠 2 唇形，白色，后变黄色。浆果暗红色。种子具小凹点。花期 6 月，果期 9 月，绿期至秋末。

【景观应用】属兼性耐盐植物，轻度耐盐花灌木。在含盐量 0.3% 左右、pH 8 的土壤环境中生长良好。耐寒、耐阴、耐盐碱，为有名的观赏花灌木。

## 2.2.25 黄杨 *Buxus sinica* (Rehd.et Wils.) Cheng 〔Chinese Box〕

科名：黄杨科 Buxaceae 别名：瓜子黄杨

【形态特征】常绿灌木或小乔木，高 1 ~ 6m。茎灰白，小枝四棱形，有毛。叶革质，对生，宽椭圆形，长 1.5 ~ 3.5cm，宽 0.8 ~ 2cm。花单性，雌雄同株，花黄色，雄蕊 4。蒴果近球形，黑褐色。花期 4 ~ 5 月，果期 8 ~ 9 月，绿期至秋中。

【景观应用】属于兼性耐盐植物，在土壤含盐量 0.3%、pH < 8.0 的轻盐碱土中正常生长。作绿篱，供观赏。

### 2.2.26 菊芋 *Helianthus tuberosus* L. 〔Jerusalem Artichoke〕

科名：菊科 Compositae 别名：洋姜

【形态特征】多年生高大草本，高 1 ～ 3m。地下茎块状。茎直立。上部分枝，被粗毛或刚毛。叶长 10 ～ 15cm，宽 3 ～ 9cm，上部叶互生，基部叶对生，叶柄上部有窄翅。头状花序数个，生茎顶，花盘直径 5 ～ 9cm，总苞片披针形，舌状花序淡黄色，管状花黄色。瘦果上端有毛。花期 6 ～ 7 月，果期 8 ～ 9 月，绿期至秋末。

【景观应用】属兼性耐盐植物，在含盐量 0.4% 的盐碱土中生长良好。

### 2.2.27 菊花 *Dendranthema grandiflorum* (Ramat) Kitam. 〔Florists Dendranthema〕

科名：菊科 Compositae 别名：鞠、秋菊

【形态特征】多年生草本。茎基部木质，一般高 50 ～ 120cm，被灰色短毛。叶卵形，边缘缺刻状牙齿或分裂，上面无毛。下面具柔毛。头状花序单生或数朵集生于茎顶。直径 3 ～ 15cm。总苞片 3 ～ 4 层。舌状花白、黄、淡红或紫红等颜色，长 3 ～ 5cm，或因品种不同而异；管状花黄色，有时全变为舌状花。瘦果不发育，无冠毛。花期 9 ～ 10 月，品种不同可四季开花。

【景观应用】在含盐量 0.3% 的轻盐碱土中正常生长。

## 2.2.28 臭牡丹 *Clerodendrum bungei* Stend. 〔Rose Glorybower〕

科名：马鞭草科 Verbenaceae　别名：臭八宝

【形态特征】有臭味，被柔毛。小枝近圆形，皮孔显著。叶片为宽卵形或卵形，长 8 ~ 20cm，宽 5 ~ 15cm，叶缘具粗或细锯齿，表面散生短柔毛，背面疏生短毛和散生腺点或无毛。伞房状聚伞花序，顶生；花萼钟状；花冠淡红色、红色或紫红色，花冠裂片倒卵形。核果，近球形，成熟时蓝黑色。花、果期 5 ~ 11 月，绿期秋末。

【景观应用】属兼性耐盐植物，轻度耐盐花灌木。在含盐量 0.3%、pH < 8.0 的土壤环境中生长良好。供观赏。

## 2.2.29 爬山虎 *Parthenocissus tricuspidata* (Sieb.et Zucc.) Planch. 〔Japanese Creeper〕

科名：菊科 Compositae　别名：鞠、秋菊

【形态特征】多年生草本。茎基部木质，一般高 50 ~ 120cm，被灰色短毛。叶卵形，边缘缺刻状牙齿或分裂，上面无毛。下面具柔毛。头状花序单生或数朵集生于茎顶。直径 3 ~ 15cm。总苞片 3 ~ 4 层。舌状花白、黄、淡红或紫红等颜色，长 3 ~ 5cm，或因品种不同而异；管状花黄色，有时全变为舌状花。瘦果不发育，无冠毛。花期 9 ~ 10 月，品种不同可四季开花。

【景观应用】在含盐量 0.3%的轻盐碱土中正常生长。

## 2.2.30 裂叶牵牛 *Pharbitis hederacea* (L.) Choisy 〔Lobedleaf Morning Glory〕

科名：旋花科 Convolvulaceae

【形态特征】一年生草本。植物体具刺毛；茎细长，缠绕，分枝。叶心状卵形，被硬毛；掌状叶脉。花序有花 1～3 朵；总花梗腋生；苞片 2，披针形；萼片 5，披针形；花冠天蓝色或淡紫色，漏斗状，筒部白色；雄蕊 5，不等长。蒴果，无毛，球形；种子三棱形，微皱。花期 6～9 月，果期 8～10 月，绿期至秋末。

【景观应用】属兼性耐盐植物，在土壤含盐量 0.3% 左右、pH < 8.0 的盐碱土中生长良好。庭院、公园中供观赏。

## 2.2.31 芙蓉葵 *Hibiscus moscheutos* Linn. 〔Musky Hibiscus〕

科名：锦葵科 Malvaceae　　别名：草芙蓉、美秋葵

【形态特征】多年生草本，直立，丛生，高 1～1.5m。叶卵状披针形，长 7～14cm，宽 3.5～8cm，渐尖，基部楔形或圆形，叶缘钝锯齿，上面近无毛，下面灰白色毛；叶柄长 3～9cm。花大，单生叶腋；小苞片 9～11，线形，长约 15mm，有毛；花萼钟形，裂片 5，卵状三角形；花冠白、米黄、粉红或紫红色，中央常深红色，直径约 7～10cm。蒴果圆锥状卵形，长 2.5cm，无毛。花、果期 7～8 月，绿期至秋末。

【景观应用】属兼性耐盐植物，轻度耐盐植物，在含盐量 0.3%、pH < 8.0 的土壤环境中生长良好。花色美丽，供观赏。

## 2.2.32 金盏花 *Calendula officinalis* L. 〔Potmarigold Calendula〕

科名：菊科 Compositae　别名：金盏菊

【形态特征】一年生草本，高 30 ～ 50cm。被柔毛及腺毛。叶无柄；下部叶匙形，长 7 ～ 15cm，宽 1.5 ～ 4cm，全缘或疏齿。头状花序单生顶生，直径 3 ～ 5cm，总苞片 2 层，披针形；花黄或橙黄色；舌状花通常 3 层，管状花多数。瘦果。花期 4 ～ 9 月。

【景观应用】属兼性耐盐植物，轻度耐盐草花。在含盐量 0.3%、pH < 8.0 的土壤环境中生长良好。供观赏。

## 2.2.33 大丽菊 *Dahlia pinnata* Cav. 〔Aztec Dahlia〕

科名：菊科 Compositae　别名：大理菊、天竺牡丹、西番莲

【形态特征】多年生草本，有巨大棒状块根。高 30 ～ 120cm。叶对生，叶轴有窄翅。叶片一～三回羽状全裂，叶缘有圆锯齿，上面深绿，下面灰绿。头状花序大，有长梗，直径 5 ～ 15cm。总苞片外层 5 片，肉质。舌状花 1 层，8 片，白色、红色或紫色。管状花黄色，栽培品种全变成舌状花。瘦果长圆形黑色。花期 6 ～ 10 月。

【景观应用】属兼性耐盐植物，在含盐量 0.3% 的轻盐碱土中正常生长。供观赏。

### 2.2.34 大花牵牛 *Pharbitis limbata* Lindl.

科名：旋花科 Convolvulaceae　别名：白边牵牛

【形态特征】一年生缠绕草本。植物体被长柔毛。叶心状宽卵形，通常 3 裂，先端裂片长圆形，两侧裂片常不规则。花 1～3 朵簇生于叶腋；苞片 2，线形；萼片 5，长披针形；花冠紫红色或粉红色，花冠边缘常具白色边。蒴果，球形，种子三棱形，被毛。花期 6～8 月，果期 7～9 月，绿期至秋末。

【景观应用】属兼性耐盐植物，在土壤含盐量约 0.3%、pH < 8.0 的盐碱土中生长良好。供观赏。

### 2.2.35 圆叶牵牛 *Pharbitis purpurea* (L.) Voigt.

科名：旋花科 Convolvulaceae

【形态特征】一年生草本。茎缠绕，植株被倒向短柔毛和稍开展的硬毛。叶为圆心形，全缘。花腋生、单生或数朵组成伞形聚伞花序；萼片 5，长圆形；花冠漏斗状，紫红色或粉红色，花冠筒近白色；蒴果，近球形，无毛；种子三棱形卵状。花、果期 6～9 月。

【景观应用】属兼性耐盐植物，在土壤含盐量 0.3% 左右、pH < 8.0 的盐碱土中生长良好。可供观赏。

## 2.2.36 牵牛 *Pharbitis nil* (L.) Choisy. 〔Imperial Japanese Morningglory〕

科名：旋花科 Convolvulaceae　别名：喇叭花

【形态特征】一年生缠绕草本。植物体被毛。叶宽卵形或近圆形，常为 3 裂；先端裂片长圆形或卵圆形；侧裂片较短，三角形，被柔毛；苞片 2，披针形。花序腋生，也有单生于叶腋的；萼片 5，披针形；花冠漏斗状；雄蕊 5，不等长。蒴果，近球形；种子卵状三棱形，被褐色短柔毛。花期 6 ～ 9 月，果期 7 ～ 10 月，绿期至秋末。

【景观应用】属兼性耐盐植物，在土壤含盐量 0.3% 左右、pH < 8.0 的盐碱土中生长良好。供观赏。

## 2.2.37 高羊茅 *Festuca arundinacea* Schreb. 〔Tall Fescue〕

科名：禾本科 Gramineae

【形态特征】多年生草本，具横走根茎。秆疏丛生，直立，高 80 ～ 150cm，光滑。叶片长 20 ～ 40cm，宽 4 ～ 7mm，两面光滑。圆锥花序长 20 ～ 30cm，小穗长 15 ～ 18mm，具 4 ～ 5 花，绿色或紫色。颖披针形，无芒；第一颖小，具 1 脉，第 2 颖较长，具 3 脉。外稃狭披针形，芒长 1.5 ～ 3mm，具 5 脉，外稃与内稃等长。花药长 4 ～ 4.5mm。花果期 6 ～ 7 月。绿期至冬季或常绿。

【景观应用】属兼性耐盐植物，在土壤含盐量 0.3% ～ 0.4%，pH < 8.0 的盐碱地均可种植建坪。供观赏，护地。

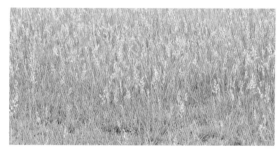  

## 2.2.38 结缕草 *Zoysia japonica* Steud. 〔Japanese Lawngrass〕

科名：禾本科 Gramineae　别名：锥子草、延地青

【形态特征】多年生草本，具匍匐根茎。秆低矮，高 15cm。叶舌不明显，具白色柔毛，叶片长 2.5 ～ 5cm，宽 5mm。总状花序穗状，长 2 ～ 4cm，小穗单生，卵圆形，含 1 小花，常变成紫褐色；外稃膜质具 1 脉。花期 4 ～ 5 月，果期 6 ～ 7 月，绿期至秋末。

【景观应用】属兼性耐盐植物，在土壤含盐量 0.3% ～ 0.4%、pH < 8.0 的滨海盐碱地生长良好。用作庭院、公园、足球场草坪植物，生长良好。

# 第七章

# 滨海盐碱地园林规划设计实例

## 一 、天津开发区生态园林构建实例

天津开发区位于滨海地区（北纬38°44″东经117°46″），总面积33km²，于1984年12月6日经国务院批准始建，为我国首批国家级开发区之一（图7-1）。建区前是塘沽盐场三分场的卤化池（图7-2），渤海湾的滨海淤泥质滩涂地区，年均降水量不足500mm，而年平均蒸发量达1900mm，约为降水量的4倍，其中降水量集中在6～9月，占全年降水量的78%～80%。每年12月至次年2月平均气温在0℃以下，1月最低，平均气温为-3.9℃，年均风速4.5m/s。该区属于海河水系冲积与海相沉积相互作用而形成的滨海低平原的部分，地势低洼（大沽高程2.5m）、地下水埋藏浅（距地面0.5～1.0m），矿化度高（70～108g/L），土壤含盐量高，1m土体平均含盐量为4.73%，最高达7%以上，为NaCl型滨海盐土，土壤黏重，通气透水不良。在原生盐土上几乎没有自然植被，为盐滩裸地；在远离高潮线的高地上，经过多年的自然脱盐，生长着一些稀疏的盐生植物，如盐地碱蓬、碱蓬、中亚滨藜，但数量稀少，尚未形成群落。在春、秋季节以积盐为主，盐分表聚现象十分明显。同时盐土经过冻融交替，并在外营力的作用下，极易形成盐尘，直接填垫客土极易产生次生盐渍化（图7-3），一直被视为"绿色植物禁区"。

调查结果表明，开发区潜水的分布具有不均匀性和季节性。以东西向潜水分布为例，潜水水位表现出类似正弦式曲线分布，且旱季、雨季不同的季节中差异明显（图7-4，图7-5）。潜水水位周年内在0.8～1.1m内波动。仅依此判断，若使1m土体不受潜水危害，埋管深度起码要在1.2m左右。自1986年春季开始，采用不同厚度客土抬高地面的方法判定土壤毛细管水强烈上升高度并确定园林植物主要根系活动层的厚度。结果显示，3～5年内1m土体平均含盐量从原来的0.7%上升至1.6%～2.7%，表明土壤毛细管水强烈上升高度至少在1.5m以上。

### 1. 创立"浅密式"高效排水降盐新工艺

若按临界深度进行挖沟布管排盐，容易出现塌方，不易操作；同时为了降低工程成本、排盐系统维护管理以及与市政管网结合利用，我们在结合滨海地区水文地质条件和城市排水特点，在"水盐平衡"基础上提出"允许深度"概念，优化和创建了"浅密式"高效排水降盐新工艺及配套的集成技术体系，是一个取决于土壤、气候、植物、管理（人类因素）等诸多因素的变量。当自然因素不足时，可以通过加强管理因素而调控它。

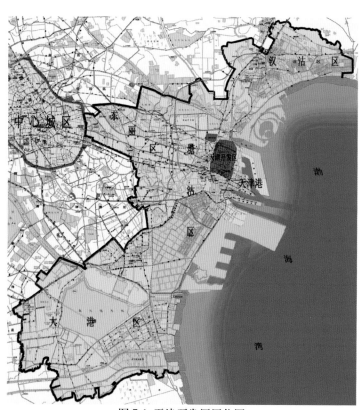

图7-1 天津开发区区位图

图7-2 建区前盐田原貌

图7-3 客土层严重次生盐渍化

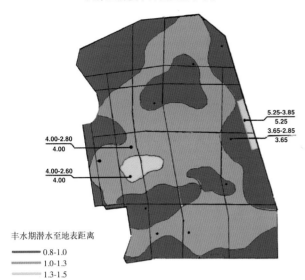

天津经济技术开发区潜水水位图

5.25-3.85
5.25
3.65-2.85
3.65

4.00-2.80
4.00

4.00-2.60
4.00

丰水期潜水至地表距离
0.8-1.0
1.0-1.3
1.3-1.5

图 7-4 开发区潜水分布及季节性水位监测（1）

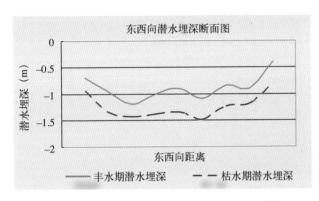

图 7-5 开发区潜水分布及季节性水位监测（2）

该工艺优点体现在：①减少了土方工程量，工程费用降低30%；②以市政雨水管网作为排水承泄区，节约管网运行和维护费40%；③脱盐速率提高50%；④有效地将1m土体全盐含量控制在0.3%以下。

允许深度的新概念和浅密式新工艺的建立使水平暗管排水技术得以在滨海浅潜水淤泥质软基础地区广泛应用，使得在本地区绿化由不可行变为可行。20多年的应用实践表明该系统脱盐、排盐、控盐效果稳定。

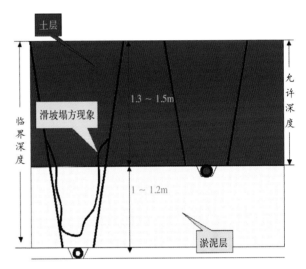

图 7-6 允许深度概念示意图

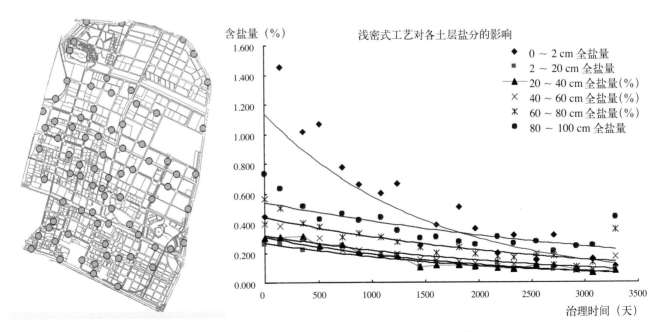

图 7-7 天津开发区土壤盐分运动检测

图 7-8 天津开发区土壤盐分运动分析

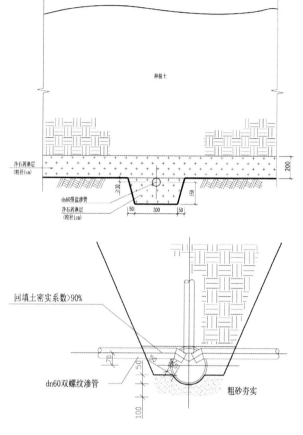

图 7-9 "浅密式"暗管排水降盐新工艺断面

图 7-10 天津开发区生态园林体系规划

### 2. 构建生态园林绿化技术模式

为提高整个滨海地区的生态环境质量、环境容量和生态服务功能，构建点、线、面、网有机结合的生态园林体系，促进环境与经济建设稳步、协调、可持续发展。根据开发区的发展规划和特点，建设和规划生态保护圈。

（1）东侧沿海挡建成防护、游览一体化的植物屏障带。

1997 年，采用淤泥和碱渣进行组合吹填加固的方法，对海挡进行全新设计，建成堤顶高程7.5m、宽 8.5m，迎潮坡比 1:25 的新海挡。海挡基质的构筑，不含砖石、水泥、钢材。为使海挡牢固，减低因风浪冲刷、袭击、剥蚀造成的水土流失，在不同的高程上营造植物防护带。

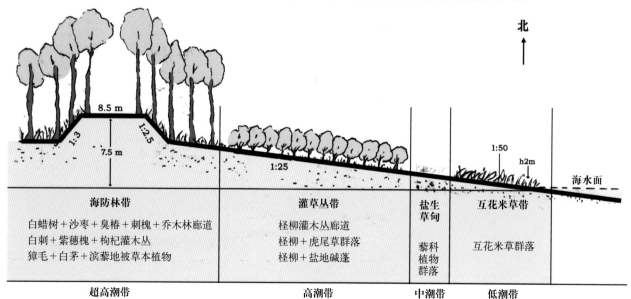

图 7-11 海防林带标准断面

图 7-12 潮上带种植的柽柳和狐米草

图 7-13 潮间带种植的互花米草

图 7-14 三年后白蜡和柽柳形成防护林

图 7-15 当年播种形成的碱蓬绿化带

① 低潮带互花米草植物带 设计种植互花米草植物带的目的是利用植物体的柔性性能和庞大根系固土功能作用，起到抗风、消浪、引淤的作用，使迎潮坡面逐年升高、成陆，扩大海挡的土方蓄积量，增强抵御海潮的能力。同时，互花米草的扩展繁衍可以迅速绿化潮间带，形成大面积的绿色景观，并形成生态演替过程的先锋群落。

② 中潮带盐生植物草甸带 栽植狐米草（*Spartina patens*），同时利用本地野生盐生植物，如盐地碱蓬（*Suaeda salsa*）等自然生长，形成滩涂特有的盐生植被景观。

③ 高潮带灌草丛护坡防护带 以柽柳灌木为优势种，并间作狐米草、獐毛及盐地碱蓬等盐生草本植物，分布于潮上带高程3m左右的海挡坡面，形成大面积绿色廊道，其粗壮坚实的盘根，深扎堤坝，固着流沙，保持水土；并利用其植物体泌盐的特性，使堤坝土体脱盐，减轻土壤盐害作用。

④ 潮上带乔木海防林带 高程3m以上的堤顶、堤坝两侧和背坡面均可设置种植乔木，以耐盐的浅根树木为主，构成海防林廊道，具有防风、防浪，抵抗强风暴潮袭击的能力。

（2）沿区域边界建成防风、防尘、调气、降尘、隔音、截渗的环城生态圈。

目前已建成总长达22 km，宽40～100 m的环城生态屏障，事实表明其在一定范围内防风、防尘、降尘效果显著。据测定，即使裸地地表风速 >12 m/s，防护林附近地表风速仅为2 m/s 左右。

图 7-16 东海路防护林

图 7-17 四号路防护林

图 7-18 洞庭路道路景观

图 7-19 泰达大街道路景观

（3）区内绿色网络系统构建：以高速公路为界，用绿带将工业区与生活区分隔；工业区中各工业团地分隔；生活区内居住区、商业区、办公区分隔等，体现了"分散、集团式"的现代城市布局。城区中心已建成的大型宽阔草坪在不失"疏林草地、通透自然"的前提下，增设设计优美、体现民族风格的灌木组团图案；增加群植型、堆植型小乔木或花灌木，以此形成大绿地中的小分隔，丰富绿地层次、色彩，有效增加绿量和绿叶面积、发掘单位面积上的潜在生态力、提高叶面积指数，改变建成区绿量偏少的状况。同时根据防护林类型、树高、主要风向等因素，综合规划区内的道路绿化，进行优化配置，形成高密度、高覆盖率、高遮阴度的道路绿化。

模拟自然、乔灌草结合、高低错落，开放共享。行道树绿色格网、区内点、线、面的绿化格局、隔离绿带和生态保护圈共同组成城市生态园林体系。

图 7-20 主干道道路景观

图 7-21 城市公园局部景观

图 7-22 居住区园林景观

图 7-23 泰丰公园景观

在风格上充分体现东方特色的现代城市园林，集通透、自然、开放共享于一体，建设以树木为主、草灌结合模拟自然的植物群落结构；绿地线条简洁、明快，视野开阔；采用抽象的艺术手法进行概括、浓缩，使植物造型、建筑、雕塑等人文景观与自然景观融为一体，身居其中，和谐自然，可充分体味返璞归真之意。

①大型公园、绿地不设围墙、围栏，开放共享，休闲、游览、观赏、休憩，轻松自如、

图 7-24 公共绿地开放空间

图 7-25 垦荒犁纪念公园景观

图 7-26 垂直绿化景观

心旷神怡。

② 融科学、文化、教育于一体,建设科普景点、纪念景点,例如科普性的热带植物园;建设具有历史意义、纪念意义、追思意义的雕塑、纪念碑、题词碑等小品,寓科普、文化、教育于其中,丰富人们的生活,陶冶人们的情操。

③ 建成区内,庭院屋顶统一规划,突出"绿"意,桥体、墙面立体绿化,形成"点、线、面、网"的绿化格局。

注重系统植物多样性构建,如盐生植被、乡土植物及植物引种驯化应用等,建立防护、观赏相结合的人工植物群落,目前区内种植植物分属 56 个科 170 余种,为恢复或重建适宜于本区域的物种结构、种群和群落类型,构建新的、高效的生态结构提供了物质基础,以保证系统的稳定性和可持续发展。

通过 20 年的建设,目前已建成大型公园 2 个,森林公园 1 个,中小型公园 10 余个,23km 长、宽 20 ~ 50m 的环城防护林带以及区内纵横交错的绿带、绿网以及立体绿化,实现了我国北方第一座完全为人工植被的滨海生态园林城区。2008 年区内绿化面积 925 hm², 建成区绿地覆盖率为 34%,人均绿地面积 59.69 m², 大大提高了区域的生态环境质量、环境容量和生态服务功能,提升了区域投资环境和综合竞争力。在滨海重盐碱地、滩涂及围海造陆地区首次建立了集绿化、美化、净化、废弃物资源化和防护、隔离等功能为一体的生态园林体系。

图 7-27 屋顶花园绿化景观

图 7-28 盐生植物群落景观

## 二、天津港东疆港园林绿地系统规划

### 1. 规划介绍

（1）规划范围：规划的东疆港区面积约为 $31.9km^2$，位于天津港港区陆域的东北部，北临永定新河口南治导线；向西与集装箱物流中心衔接，形成本港区与陆域的连接部位；南临天津新港主航道；西临规划"反F"航道，与北港池地区相望；东临渤海湾海域。

（2）规划期限：2005～2020年，与总体规划相协调，分两期开发。

（3）规划目标：利用科学的城市生态规划理念，结合区域特色，以建设"21世纪碧海蓝天新港区"为目标，创建一个布局合理、内容丰富、特色突出、融自然环境为一体的区域绿色网络体系。

（4）规划原则：本着生态优先、功能合理的原则，着眼于港区的绿地系统规划的科学性、系统性、可持续性，结合港区实际，规划中将遵循以

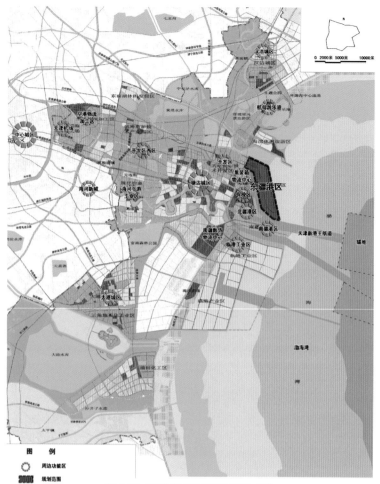

图 7-29 天津港东疆港区绿地系统

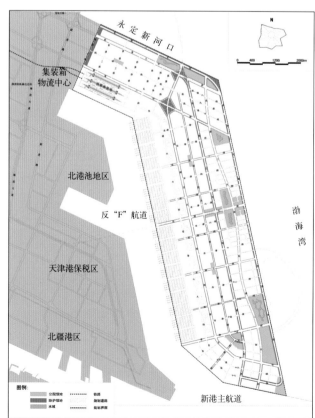

图 7-30 天津港东疆港区绿地系统规划——总体规划图

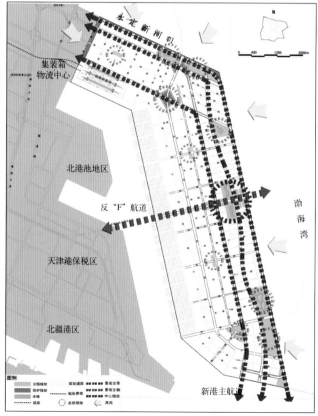

图 7-31 天津港东疆港区绿地系统规划——结构分析图

表7-1 港区十大骨干树种

| 序号 | 名称 | 科名 | 观赏特性 | 生长习性 |
|---|---|---|---|---|
| 1 | 圆柏 *Sabina chinensis* Ant. | 柏科 | 常绿乔木，树形优美，青年期呈整齐之圆锥形，老树则干枝扭曲，奇姿古态 | 喜光且耐阴性很强，对土壤要求不严，能生于石灰质土壤上，深根性，侧根也发达。阻尘隔音效果良好 |
| 2 | 龙柏 *Sabina chinensis.* 'Kaizuza' | 柏科 | 常绿乔木，树形呈圆柱状，苍翠壮丽、形态优美，似"盘龙" | 阳性，耐寒，对土壤要求不严，抗有毒气体，滞尘能力强，耐修剪 |
| 3 | 白蜡 *Fraxinus chinensis* Roxb. | 木犀科 | 形体端正，树干通直，枝叶繁茂而鲜绿，秋叶橙黄 | 喜光，稍耐阴，颇耐寒；喜湿耐涝，也耐干旱；对土壤要求不严，碱性土壤上能生长；抗烟尘 |
| 4 | 臭椿 *Ailanthus altissima* | 苦木科 | 落叶乔木，奇数羽状复叶，树干通直高大，叶大荫浓，秋季红果满树 | 喜光，适应性强，分布广，很耐干旱、瘠薄，不耐水湿，耐中度盐碱，抗性较强 |
| 5 | 槐树 *Sophora japonica* L. | 豆科 | 树冠宽广枝叶繁茂，寿命长 | 喜光，略耐阴，在轻盐碱土上可正常生长；耐烟尘 |
| 6 | 泡桐 *Paulowni tomentosa* (Thunb.) Sterd. | 玄参科 | 落叶乔木，树干端直，树冠宽大，叶大荫浓，花大而美 | 强阳性树种，生长迅速，喜温暖，较耐寒，怕积水而耐干旱 |
| 7 | 毛白杨 *Populus tomentosa* Carr. | 杨柳科 | 毛白杨树干灰白，端直，树形高大广阔，颇具雄伟气概 | 喜光，对土壤要求不严，在碱性土上能生长，抗烟尘和抗污染能力强 |
| 8 | 合欢 *Albizzia julibrissin* Durazz | 豆科 | 落叶乔木，树姿优美，叶形雅致，盛夏绒花满树，有色有香，宜作庭荫树、行道树 | 喜光，耐干旱、瘠薄，但不耐水涝 |
| 9 | 金丝垂柳 *Salix babylonica* | 杨柳科 | 落叶乔木，枝叶柔软金黄，树冠丰满，易成活，适应性强，最宜作为水边绿化 | 喜光，喜水湿，耐寒，不耐庇荫，对土壤要求不严，在干瘠沙地、低湿滩能生长，固土，抗风力强，不怕沙压 |
| 10 | 金银木 *Lonicera maackii*(Rupr.) Maxim | 忍冬科 | 落叶灌木，树势旺盛，树叶丰满，初夏开花有芳香，秋季红果缀枝头 | 抗性强健，耐寒、耐旱、喜光也耐阴，管理粗放，病虫害少 |

下6条规划原则：① 生态性原则；② 系统性原则；③ 可操作性原则；④ "疏密有致，集中布局"的原则；⑤ 突出特色的原则；⑥ 前瞻性原则。

（5）总体布局：东疆港区的绿地布局结构为"一轴连心、三带齐行、多点均布、点带结合"。

"一轴"为京津塘高速延长线进入港区的四川道两侧，这条轴线作为进入港区的交通要道，是展示港区风貌的窗口。

"东疆之心"即规划的中央公园，此处位于东疆港口配套服务区核心位置，周围是繁华的商务中心，东部紧邻蔚蓝的大海，地段条件十分优越，其优美的天际线、高密度现代化的都市景观、特色的绿化广场必将使这一地区成为东疆港区的景观明珠。

"三带"为新港九号路—欧洲路、新港八号路—亚洲路、观澜路3条绿色通道。

"多点"即港区内规划的湿地公园、观鸟公园、商贸公园、高尔夫公园、港岛风情园等点状绿地。

## 2. 港区骨干树种

港区的骨干树种是港区各类绿地中出现频率较高，使用数量大、有发展潜力，并能成为港区景观重要标志的树种。根据港区周边地域植物生长状况，确定了十大骨干树种（表7-1）。

## 3. 道路绿化树种

（1）行道树树种：行道树是发挥城市绿化美化街景、纳凉遮阴、减噪滞尘等功能作用的重要因素，还有维护交通安全、保护环境卫生等多方面的公益效益。由于道路的立地条件相对较差，路面的热辐射使近地层气温增高，空气湿度相对低，土壤成分复杂，透水透气性差，汽车尾气中的污染物浓度高，所以行道树的选择相对苛刻，应遵循以下原则：①深根性、分枝点高、树干挺拔、树形端正、冠大阴浓、生长健壮、且落果对行人不会造成危害的树种。②对道路环境条件适应性强，易栽植、易修剪、易萌生。③抗逆性强，特别是要求抗粉尘等能力强，耐盐碱、抗风、耐旱、耐涝、耐辐射,病虫害少。④以乡土树种为主,适当使用已经经受一个生长周期以上表现良好的外来树种。

其主要树种为:白蜡、馒头柳、槐树、山皂荚、臭椿、千头椿、毛白杨、洋槐、泡桐、法国梧桐、合欢、栾树、龙柏、日本黑松、圆柏、云杉等。

(2)绿带内花灌木及地被植物:应选择花繁叶茂、花期长、生长健壮和便于管理的树种;绿篱植物和观叶灌木应选用萌芽力强、枝繁叶茂、耐修剪的树种;地被植物应选择茎叶茂密、生长势强、病虫害少和和易管理的木本或草本观叶、观花植物。草坪应选择萌蘖力强、覆盖率高、耐修剪和绿色期长的种类。

### 4. 防护林绿化树种

主要树种为:毛白杨、白蜡、刺槐、槐树、泡桐、臭椿、日本黑松、龙柏、圆柏、云杉、柽柳、紫穗槐、珍珠梅、金银木、紫花苜蓿等。

### 5. 庭院树种

主要树种为:雪松、云杉、龙柏、早园竹、白蜡、洋槐、合欢、臭椿、栾树、槐树、五角枫、火炬树、悬铃木、银杏、金银木、海棠、丁香、紫薇、榆叶梅、石榴、连翘、地被菊、大花萱草等。

### 6. 其他主要树种

(1)主要小乔木和灌木:金银木、海棠、丁香、木槿、紫荆、紫薇、碧桃、连翘、黄刺玫、玫瑰、珍珠梅、紫穗槐、柽柳、大叶黄杨、金叶女贞、紫叶小檗、小叶黄杨。

(2)绿篱与花篱:大叶黄杨、金叶女贞、紫叶小檗、小叶黄杨、圆柏、月季、龙柏。

(3)垂直绿化:五叶地锦、爬山虎、野蔷薇、金银花、紫藤、凌霄。

(4)花卉:地被菊、大花萱草、费菜、一串红、月季、玉簪、千屈菜、美人蕉。

### 7. 草坪及地被植物

混播型草坪为主。冷季型和耐践踏的草坪可在不同类型绿地中使用。主要有本特、高羊茅、黑麦草、野牛草等;白三叶、紫花苜蓿、田菁、凤尾兰、砂地柏、马蔺、景天等地被。

### 8. 推荐抗盐观赏植物

| | |
|---|---|
| 北美柏 | *Sabina vivginiana* |
| 新疆杨 | *Populus bolleana* |
| 沙枣 | *Elaeagnus angustifol:a* |
| 苦楝 | *Melia azedarch* |
| 草麻黄 | *Ephedra sinica* |
| 白刺 | *Nitraria sibirica* |
| 单叶蔓荆 | *Vitex rotundifolia* |
| 宁夏枸杞 | *Lycium barbarum* |
| 沙棘 | *Hippophae rhamnoides* |
| 大穗结缕草 | *Zoysia macrosta chya* |
| 獐茅 | *Aeluroprs littoralis* |
| 田菁 | *Sesbanis cannabina* |
| 紫花苜蓿 | *Medicago sativa* |
| 马蔺 | *Lris lactea* |
| 地肤 | *Kochia scoparia* |
| 二色补血草 | *Limonium bicolor* |
| 中华补血草 | *Limonium sineuse* |
| 针线包 | *Cynanchum wilfordii* |
| 滨旋花 | *Calystegia soldanella* |
| 牛蒡 | *Aretium lappa* |
| 蛇床 | *Cnidium monniere* |
| 甜菜 | *Bota vulgaris* |
| 花花柴 | *Karelinia caspica* |
| 芦竹 | *Arundo donax* |

## 三、天津开发区泰丰公园规划设计

### 1. 项目概况

泰丰公园位于泰达城区泰丰工业园区内,三面皆规划为居住区,向南越过京津塘高速公路即为泰达中心城区,占地面积21.7hm²(其中绿地面积为15.8 hm²,水面面积为3.83 hm²,广场与道路面积为4.86 hm²,建筑面积0.176 hm²)。建于1996

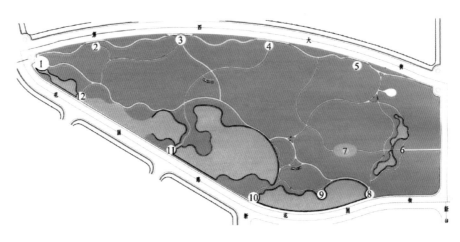

年，是迄今为止泰达城区内最大的公园之一。泰丰公园的建成，优化了开发区的空间景观环境，创造出一种人工生态环境，让人感到是一种舒适、自然的生活空间。

**2. 公园特色**

泰丰公园为开发区大型公园，其服务对象主要为区内居民，兼为外地游客服务。公园设计风格要与规划中周围环境如建筑等现代风格一致，具有西方现代园林特点，反映开发区改革开放的时代风貌。从改善大环境出发，以植物造园为主，充分发挥生态效益。建筑小品等体量均适宜。

（1）空间形态特征：整体向周边区域的开放性。泰丰公园采用开放式布局，四周临近道路共设出入口 10 个，均以广场形式布置，其中西侧和东侧为主要出入口。在入口区拓宽活动空间，以足够的硬地空间为市民活动交流观赏提供方便。

西侧主出入口为台地式旱泉广场，由大小不等的卵石布列成泉溪状，广场正中置一巨石，上刻原全国政协主席李瑞环同志亲笔题词"泰丰公园"。该硬地空间主要满足小型聚会、休闲活动功能而形成集会广场。

东侧主入口部分为下沉式滨湖文化广场区，是市民举行文化活动的主要场所。

沿东西轴线设置一条连接各主要景点的道路，作为公园主要游览道路，宽 3m。从主干道分出小游步道，与众多出入口及景点相连，宽 2m，局部拓宽为小广场。

（2）环境品质特色：疏林草地、园林小品、水景风光。泰丰公园整体上是作地形处理，设置规模不等、起伏迂回的小型丘陵和微型高地，最大竖向落差为 3.5m。总体上看，地势北高南低。

绿色给人以亲切、安定和舒畅的感受。泰丰公园作为城市公共开敞空间，在形成一个自然的而又相对封闭的空间环境的同时，在中心形成几片以草坪为主、林地为辅的开敞绿地，绿地中以大弧度路径与各功能区相连接。路径一侧为林地，

林地中种植特色观赏树种。

从主入口向东望去，正面形成一个大缓坡，片植的西府海棠、山桃、碧桃、刺槐林及宿根花卉给人以明快、开阔的感觉。而在北部高地之上，是松、柏、白蜡等密林的背景林木，形成一道苍翠的林际线，与之呼应的是在南面缓坡上色彩艳丽的花灌木丛，有暗红色的红叶李、金黄色的金叶女贞等，和道边所种植的低矮的铺地柏、五叶地锦等一起构筑成一个清爽宜人、景象雅致的环境。

作为一个开放的城市公园，其环境景观离不开园林小品，它是创造现代城市文化的鲜明标志，对于园林景观的形成和丰富有着直接的关系，使城市公园的外在美和内在的文化品质相融合。树阴下、小径旁或是湖水边，当你游览而进入一连串亲切宜人的翠绿空间时，视野里会浮现起与成片的特色植物和大草坪融为一体的灯具、花坛、欧式铸铁坐椅以及人物雕塑等景象和大面积的自动喷灌。

水景风光区位于公园南侧低地势处，共有大小 7 个人工湖组成，占总面积的 17.6%，或互相连通，或彼此独立。而众多湖岸广场如园景广场、新月桥广场等及沿湖布置的西方古典园林小品则成为公园景观的点睛之笔。所以该区体现着不同的人文活动内容，同时人的活动也形成了广场丰富的人文景观，成为游人观赏公园风光的驻足点和中心景观。

西入口南侧为静水系，弯弯曲曲的驳岸、浅浅的溪水及杂乱无章的卵石都显示出无尽的野趣。沿着小路东南而去，当置身于一个三面环水的半岛之上时，眼前一片开阔，宽广的湖面微波荡漾，远处几只鸥鸟飞来，鸟鸣声久久回荡在碧波上空时，定会使人心旷神怡。

（3）植物配置：泰丰公园的植物配置以师法自然为原则，来营造自然、生态的景观效果，强调植物群落化种植，形成乔灌草相结合的复层群落结构，最终形成四季有景、三季有花的生态型公园。

公园绿地植物品种十分丰富，其中乔木 34 种，

常绿乔木 9 种，灌木 30 种，地被植物 10 余种。植物选择以乡土树种为主，并逐年引进部分特色景观树种。以高大乔木和常绿乔木为背景林木，辅以开花大乔木和各种观花、观果小乔木，再搭配色彩、形态丰富的灌木和宿根地被类植物，再加上一些湿生、水生植物，共同形成一种生机勃勃、层次丰富的植物景观。

其中乡土树种有白蜡、槐树、刺槐、合欢、栾树、垂柳、馒头柳、毛白杨、银白杨、臭椿、圆柏、云杉、山桃、梨树、金银木、西府海棠、紫叶李等。部分特色树种有白皮松、中山杉、银杏、樱花、玉兰等。

### 3. 效果分析

泰丰公园被评为津门新十景之一，已经成为泰达乃至滨海新区的形象代表和名片，许多国家领导人曾先后来此游览过并给予极高的评价。泰丰公园也是泰达旅游的首要目的地，其周围的居住区也成为周边区域的明星楼盘，取得了巨大的社会效益、生态效益和经济效益。其成功之处在于规划理念超前化，设计风格国际化，建设措施科学化，养护管理精细化。

（1）泰丰公园位于泰达中心城区中轴线的北端，把城区中轴线融入到一片湖光绿色之中。向南穿越高速公路后是金融街、行政中心、图书馆以及即将兴建的一系列文化场馆等，其位置类似于北京奥林匹克公园，成为泰达城区的拓展地标和发展理念。同时又作为生活区和工业区之间的一个连接点，使工业文明与社会发展和谐统一。

（2）泰丰公园的整体设计风格为充满现代色彩的自然式风景园林，以植物造景和风景林为主，疏林草地、湖光曲岸等，这有别于国内大多数公园风格，体现出泰达作为一个国际化的现代工业园区的特有韵味。

（3）泰丰公园在建设之初，现场环境较差，再加上整个城区是建设在盐碱滩涂之上，植物存活困难，被称为"绿色禁区"。但经过一系列的科学建设方法，通过地下排盐、土壤改良、植物选育等手段，使规划设计得以实施建设。

（4）俗话说"三分建，七分养"，尤其是对于来之不易的成果来说，日常的养护管理则成为重中之重。通过水盐动态检测、营养控制、植物护理、冬季防寒、病虫害防治等措施，来保证和维护生态系统的日趋完善。

## 四、天津泰达滨海广场规划设计

### 1. 项目概况

滨海广场位于天津开发区投资服务中心大楼前,位于天津开发区(泰达)生活区的南北向中轴线与东西向百米绿带的交汇处,由宏达街、广场东路和广场西路围合起来,南北向最长为175m,东西向宽为115m,占地面积约2万 m²。

### 2. 规划设计

滨海广场的整体规划设计按投资服务中心大楼的南北中轴对称布局,以水景和植物为主要造景元素。广场整体为北侧方形,南侧半圆形,并且东西两侧为拟对称布局,中央是集中铺装活动场地,并设计有音乐旱喷小广场,南端按规则式台地处理。

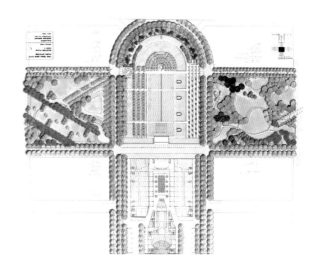

广场北侧与投资服务中心大楼南门一路之隔,中央围合成较大面积的集散活动广场,并在场地周围设置休息座凳。中央轴线位置设一个窄状长条形的亲水水道,水池南端为圆形水池作为源头,由池中涌泉喷水涌出,在水道的北端,设一组音乐旱地喷泉。

广场东侧部分用修建整齐的绿篱和曲径通幽的园路为主要设计元素,并有直达中心广场的快速通道。在规则种植区的南端设置一座外形简洁、材料质朴的现代景观亭;东侧靠近中心场地区域为树阵广场,成排栽植高大乔木——银杏,形成树阵,并与林下规则的长方形静水池相间布置,一起构成静谧的林下休憩空间。

广场西侧部分以规则式布置条形种植池,种植池内栽植绿篱和整形桧柏,并有快速通道直达中心广场,在条形种植池区域的中间设置一组景观钢柱阵列,由4排4列共16个柱子组成,并爬满五叶地锦,夏季绿色覆盖,随风摇曳,秋季满眼霜叶,一片火红。在靠近中心广场部位,设计

了较大面积的水池，水池中央平行规则设置四处观景高台，可登高远眺，其上有小型涌泉，顺高台水槽叠落水池，形成动态水景。

广场南部外侧采用弧形的台地式设计，台地种植以绿篱为主，中央轴线处留有进入广场的通道；其围合的区域中以观景水池为主景，中心部分就是广场南部半圆的圆心部位，规则片植樱花，强调早春观花景观。

滨海广场在造景元素上，以水景作为景观骨架，以满足四季景观的植物材料（春有樱花灿烂，夏有绿树浓荫，秋有银杏金黄，冬有常绿傲雪）为主要围合空间和渲染空间氛围的元素，同时以着重强调硬质景观细部处理，充分体现滨海广场的现代气息和文化韵味。

# 五、天津滨海新区三河岛遗址生态公园景观设计方案

## 1. 项目概况

三河岛，又称炮台岛，总面积为 2.9 hm²，岛长 270m，岛最宽处 138m。位于天津市滨海新区北塘经济区，为北塘炮台中的北营炮台原址所在地，是天津市唯一列入中国海岛名录的岛屿。

因此保留并开发建设三河岛就有着极为重要的意义，使它成为集保护自然生态景象、怀古、旅游三位一体的文化休闲景区。

（1）三河岛的历史价值：三河岛处在潮白河、永定新河、蓟运河汇流入海之处，形成于明代嘉靖年间。为防止倭寇进犯，当时在蓟运河左岸的

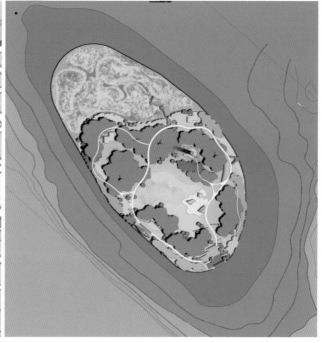

海岸线上，填垫高地并修筑了一座北营炮台，与右岸的南营炮台共同组成了北塘要塞。清朝时期，要塞先后三次大规模修缮，在清末天津海防三大炮台中，北塘炮台的地位仅次于大沽炮台。1859年英法联军第二次进攻大沽口，清军依靠该炮台奋起还击，英法舰队败逃。胜利后清军在营城增建炮台，并将北塘炮台防务撤至营城，北塘海防重地陷入不设防的尴尬，后来导致北塘失陷。根据《辛丑条约》约定，1901年，北塘炮台与大沽炮台一起拆除。由于具有极高的历史文化价值，三河岛成为本市唯一列入入国家海岛名录的岛屿。如今，数百年过去了，三河岛上的北营炮台遗址尚存，可惜的是了解它兴废历史的人已不多。

（2）三河岛的旅游价值：①三河岛将成为北塘经济区国际会议产业区整体开发建设的一部分，成为集生态、优美景观于一体的景观工程。②三河岛的历史遗迹将得到保护和提升，成为红色爱国主义教育基地。③三河岛将成为北塘独有的生态旅游线路——永定新河河口景观的组成部分。该景观改造工程东起彩虹桥，西至北塘大桥，长约3km。

（3）三河岛的辐射效应：三河岛不仅仅会对北塘经济区开发建设产生影响，还会与北面的中新生态城，东面的滨海旅游区等区域相呼应，不仅解决了点的开发建设，还将各个功能区的建设联系到了一起。

### 2. 方案设计

（1）对文化遗址的保护：对岛上保留下来的北营炮台遗址、碉堡加以保护，达到与自然景观相融合的文化景观。

按照北塘经济区规划，三河岛所在的南部、北部区域规划有展示炮台历史文化的公园，以新建为主。而三河岛岛上的历史遗迹较多，文化价值较高，应以保留原有遗迹为特色。同时，考虑现状特点，在岛上建有历史文化展厅，以图片文字形式集中在室内展示。

（2）营造自然生态的岛屿：营造自然宜人的山谷景观及自然的鸟类栖息地。

三河岛分为两大部分：鸟类栖息湿地和炮台历

史遗址公园。

鸟类栖息湿地，面积为：0.87 hm²。在设计上对现状已形成的湿地景观进行保护，并在工程破坏区域进行植物补植。从而达到自然生态的景观效果。在对鸟类的保护上我们采取三大措施：第一，对现状已形成的湿地景观进行保护，并在工程破坏区域进行植物补植，提供给鸟类自然生态的家园。第二，提供淡水补给，在枯水期向湿地引入淡水，为鸟类提供淡水资源，同时岛上栽植浆果植物提供鸟类食物。第三，为鸟类提供巢穴，增加生态辅助设施，为鸟安家。

炮台历史遗址公园，面积为：2.03 hm²。为了实现自然宜人的山谷景观，在此区域的东北部建造地形，形成山峦。其特色为：第一，因地制宜：在北部地势较低处堆山，形成北高东低的中国传统布局形式。第二，动静分离：实现与鸟类栖息地相联系，引鸟入林，并形成一到绿色屏障的作用，使鸟类有一个安静的家。第三，保护遗址：造山隔开现状的遗址区域，对历史文化进行保护。

（3）满足休闲观光的旅游功能：三河岛成为北塘整体游览区其中一部分，打造天津唯一海岛旅游功能。

共分为9处景观节点（游船码头、古炮台遗址、古炮台残墙、眺望台、观景风车、北侧碉堡遗址、

西侧碉堡遗址、喂鸟木平台、观景廊）。①游船码头——公园入口区域。通过乘船到此码头登岛，入口区域通过景观的营造展现出炮台遗址公园的历史厚重的特色。同时在功能上提供小卖部、卫生间的设施。②古炮台遗址：对现存清朝末年，清军为抵抗八国联军进攻，而修建的炮台遗址用围栏进行围合加以保护，使其成为爱国教育的景点。③古炮台残墙：岛上东南侧有现存的故炮台堡垒的残墙，在主园路上可以清晰地看到此残墙，残墙记录了历史的屈辱和中国人民顽强抵抗的精神，成为了一道特色的展墙。④眺望台：观景、拍照区。位于三河岛的东部，满足游人从岛上向蓟运河方向及彩虹大桥方向观景。⑤观景风车：文化展示、休闲娱乐、旅游观光的功能特色。在山体的主峰上建造以风车为造型的功能建筑，建筑分为三层，首层为历史文化展厅，在室内对岛上的历史文化、保留遗址进行全方面介绍。二层为休闲咖啡吧，满足观景、餐饮、休闲娱乐等功能。三层为观景瞭望台，可俯看岛内自然植被、鸟类及各处景点。⑥北侧碉堡遗址和西侧碉堡遗址：为近代抗战时期的作战碉堡，分别位于三河岛的北侧及西侧。建筑保存完好，景点将开发成为青少年爱国教育基地。⑦喂鸟木平台：在鸟类栖息地中设置体现生态理念的木栈道、木平台。可满足游人在此喂鸟、亲近、观赏湿地的游览功能。⑧观景廊：位于三河岛西侧，为临水景观。在观景廊区域可欣赏岛内的及周边区域的风貌。在设计上，从展翅翱翔的海燕获得灵感，赋予景观廊自然生态的文化理念。廊架顶部设置太阳能板，为此区域提供电能。

根据山峦的形式与游览景点的有机串联，提供给游客便捷、观赏感极佳的园路。游园主路2m，游园次路1.2m。

（4）生态环保：利用风能、太阳能及雨水收集系统，实现绿色环保的理念。

三河岛岛上的用电均为依靠太阳能发电、风力发电，不需要向岛引入电缆，大大降低了工程造价，还能体现绿色节能的概念。灯具上选用节能环保的太阳能照明灯、风光互补路灯等环保型灯具。

三河岛的给水系统是通过打深水井，利用风车动能抽水提供岛上水源。在排水上，建立雨水管网系统，并搜集雨水，实现生态效益。

（5）植物设计：

第一，因地制宜：因岛所在北塘河口的特点，树种选择适宜岛上生长的乡土树种，使岛上植物

快速成效。

第二，景观特色：运用植物造景的手法，突出春季、秋季的植物景观效果。

第三，科学合理：岛上植物不仅要满足效果，同时提供鸟类浆果植物，满足生态系统的需要。

# 六、天津临港工业区生态景观林带

## 1. 项目概述

该项目设计时间为2005年3月~2005年8月，施工时间：2005年8月~2006年10月

（1）环境位置：天津临港工业区海防路绿化带位于工业区西边，绿化带长约3km，宽约300m，总面积约：65万 m²。天津临港工业区位于海河入海的南岸地区，距天津市中心46km，塘沽中心10km，其北部为天津港南疆港区，西部为塘沽东大沽生活区，西部为天津港南疆散货物流中心，南部为规划滨海风景旅游区。

（2）规划目标：工业区定位于生态工业园区，工业区的绿化是打造生态工业园区的生命线之一。规划目标为：具有降低噪音、吸收有害气体和防风除尘的防护性绿带，并具有一定欣赏价值的景观绿带。

（3）气候：该区域属暖温带半湿润大陆性气候，季风显著，冬季受蒙古—西伯利亚高压控制，盛行西北风；夏季在北太平洋副热带控制下，盛行东南风。春秋季为过渡季节，风向多变。该区域日照强烈，蒸发量大，降水量小，全年蒸降比为3:1（年平均降水量为598.5mm）。夏季湿度大，降水量大；冬季干燥，雨雪少。

（4）土壤：土壤属于滨海盐渍土。现状为退海地，地势低于海防路约1.8m，属淤泥为主的海岸类型。土壤含盐量极高，地下水矿化度为100~208g/L。

## 2. 现状分析

（1）水环境状况：与大海相临，因此绿地会受到来自海潮的水污染（主要来袭路线为工业区雨水系统）。

（2）土壤状况：现状为退海淤泥地，地势较低，因此，绿化工程前须进行软地基的处理。

（3）大气状况：机动车排放的尾气直接对环境造成污染（二氧化硫、二氧化氮、汞、铅等）；海防路是物流干道，空气中飘浮的尘埃对环境污染严重。

（4）噪音状况：来自于海防路上的车流噪音和

来自于铁路方面的噪音直接对环境造成影响。

通过上述分析可以看到，绿带的建设应为工业区的自然环境、大气环境、声环境的治理和改善发挥作用。

绿带首先必须以防噪吸音、吸收有害气体、防风为其主要功能。这也是绿带建设必须解决的主要问题。其次，此绿带又是工业区门区的一条风景线，直接关系着区域的环境形象。因此，景观功能必须考虑。

### 3. 总体布局

设计从绿带整体的防护功能和整体的景观效果出发，科学布局，艺术处理。使功能和景观达到统一。

（1）以铁路线为主线，构筑林带的防护功能：绿地中铁路是林带具有结构上的特殊性，安全的铁路防护林建设是必要的。可以把铁路防护林和绿带对区域的防护功能结合起来。铁路安全范围以外（乔木种植点距外轨 12m，灌木种植点距外轨 7m），地形起伏，形成 30m ～ 50m 的主体防护林带结构。从铁轨到林带外依次是：金银木—刺槐—毛白杨—槐树—旱柳，即由低到高，再到低的空间层次。这种结构利于林带对风流的消减，也利于对声噪的吸收。沿海防路宽 20 ～ 30m 绿带、两条林带之间的"消减带"和铁路两侧林带，共同构成工业区的防护体系。北端铁路三角地段，地形抬高约 5m，成为整体林带的最高部分，是视线的焦点。

（2）以交通节点、道路沿线为侧重点，构筑林带的景观效果：规划路六、规划路西四与海防路交口景观建设，关系到工业区形象。因此设计将其作为节点景观来重点考虑。规划路六与林带节点与物流中心门区呼应，是入区主要路口。设计以待建的门区标志建筑物为中心，以工业区图标的抽象形体为空间设计语汇，通过"分子链"结构的植物造型，营造现代特色景观空间，表现现代化生态工业园区的主题。规划路西四与海防路交口重在表现生态美、自然美的景观效果。自然的水体、起伏的地形、婀娜多姿的植物围绕在办公区的周围，给人幽雅、舒适之感。

从海防路方向观看林带，可以看到林带错落有致的层次，也可欣赏到不同季节，植物开花、叶色所带来的自然魅力。

绿带靠近规划路十六沿线景观具有公共性、开发性。收放结合、气势磅礴，使景观廊道具有个性魅力，为投资者提供了高质量的景观空间。

（3）以雨水收集为中心的地形处理和植物配置，构筑生态工业区的景观形象：以收集雨水为出发点的地形处理，使地表雨水排放收集变得简单易行，铁路两侧雨水通过暗管将雨水引向水体，近 45 万 m² 的雨水收集，减少市政雨水排放压力，同时，在自然式的岸边种植垂柳、芦苇等湿生植物，无论水体的多少，各种植物都可以生长。这种具有自动净化功能的人工湿地系统，它不但有利于区域水体净化、循环、再利用，也调节了局部小气候，为各种自然水生动植物提供了栖息地。

（4）以"适用、经济、美观"为设计指导思想，使绿地建设方便操作、便于养护管理：结合滨海新区绿化建设的实践，使林带建设真正达到适用、经济、美观的目的。如考虑后期养护，林带中设计了 3.5m 和 2.5m 宽的养护管理道路，方便养管车辆通行；植物品种的选择以易活、方便管理为前提，控制草坪的面积，以灌木、地被进行覆盖；考虑近期效果与中远期效果，苗木选择和种植形式上充分考虑等。

### 4. 种植设计

植物材料上，主要采用防护功能较强和在滨海地区长势良好的树种。在具体布置上，根据不同功能或景观要求，因地制宜，科学搭配。

注重植物季相变化，体现植物的群体美。植物种植时，结合种植形式，设计不同季节的观花、观叶植物，保证重点景观在不同季节，有不同的景观效果。

适当增加一定比例的常绿树，避免冬季绿地景观效果的单调，使绿地在冬季也具备一定的防护功能。

植物设计兼顾近期和远期景观效果。为满足近期景观效果，采用株距 × 行距 =3m×5m 的防护林种植形式，同时在靠近路边且视线所及部分，林下成行乔木中间种植珍珠梅。增加绿化覆盖率。

### 5. 绿化树种

常绿树：圆柏、龙柏、云杉、日本黑松等。

落叶树：旱柳、槐树、刺槐、白蜡、毛白杨、悬铃木、火炬树、合欢、千头椿、栾树等。

花灌木：柽柳、紫叶李、紫丁香、榆叶梅、西府海棠、黄刺玫、紫荆、碧桃、金银木、连翘、蜀葵、珍珠梅、紫叶矮樱、锦带、紫薇、紫穗槐、金银木、花石榴、红叶桃、枸杞、玫瑰、丰花月季。

藤本：五叶地锦。

地被植物：紫花苜蓿、二月兰、紫花地丁、白三叶、马蔺、千屈菜等。

水生植物：芦苇、芦竹、蒿草等。

景点效果：

## 七、唐山曹妃甸森林公园规划设计

### 1. 项目概况

曹妃甸森林公园位于曹妃甸新区唐海县城北部，东临沿海高速，地块紧邻迁曹公路以北，长约 3500m，宽约 440m，总工程面积约为 133 万 m²；作为迁曹公路以南县城的延续和绿化战略的一个重要部分，森林公园的设计与规划具有提升曹妃甸新区绿化水平与生态发展的重要意义。

### 2. 规划设计指导思想与设计原则

建设生态文明、改善生态环境、增强绿化效果、提升绿化档次的指导思想进行规划设计。

（1）功能优先原则：方案设计结合森林公园的特点，满足多方面综合功能的需求。

（2）自然生态原则：服从生态保护要求，尽量避免对自然环境的不利影响。

（3）经济性原则：在满足功能的前提下考虑财政实际支出水平，尽可能地做到"以林养园"。

### 3. 设计内容

本工程分为两部分，即：经济林部分和森林公园核心区部分。

（1）森林公园核心区部分位于长丰北沿路以东，迁曹公路以北，占地约 40 万 m²，约占项目用地面积的 30%；按照功能优先的设计原则，设计有湖泊休闲空间、运动空间、生态居住区和沿线观林带。湖泊休闲空间位于整个公园的中心区，采用自然式的设计手法，营造出蜿蜒曲折的自然湖岸线，沿着湖岸线局部设置有休闲木平台、休闲小广场及浅水滩，满足人们的亲水需求。运动空间位于中心湖的东南角，设置有篮球场、网球场、羽毛球场等活动场地以及各种儿童运动设施，满足不同年龄层次的运动需求。生态居住区由居民区和别墅区两部分组成；居民区位于中心湖的北侧，以 9～12 层的小高层建筑群为主。在建筑群中，结合各个建筑群所围合的空间特点，设置有不同的供居民休闲活动空间。别墅区位于中心湖的东北角，别具特色的单体独栋小别墅点状布置，与周围的绿地与水体融入一体，相得益彰。沿线景观带位于中心湖以南，迁曹公路以北，设计中采用自然式的种植手法，按照乔灌草相结的种植原则，形成高低错落、层次清晰、色彩丰富的自然景观，使其成为迁曹公路沿线一条独特的生长长廊。

（2）经济林占地约为 93 万 m²，约占项目绿化面积的 70%；设计中采用规整式的种植形式，按照 2.5m×3m 的株行距种植速生杨；以经济性的设计原则，林间设计有边沟和道路，将边沟的挖方就地作种植台的填方，力求土方就地平衡。

### 4. 细部设计

（1）入口节点部分使用廊架、亲水平台等丰富景观元素与自然生态的植物环境充分融合，带给人自然放松的游园环境。

（2）水系统作为公园内的重要系统也采用了多种形式进行处理，石砌直驳岸和自然圆石驳岸的交替组合与水生植物的搭配形成野趣横生的生态水环境。

（3）公园水系西南侧地大面积集中绿地以大绿大气的风格为主要基调，其中活动草坪、生态林带、休息平台等空间有机地结合在一起，即凸显了生态的原则，也兼顾了人与自然相互交流体验的设计主旨。

（4）公园内部的绿岛作为园内的高视角观景点，结合了流畅舒适的园路，造型雅致的中式亭子以及高低错落花叶掩映的自然植物造景，使人们在此即可尽览湖光天色，亦可感受绿风和韵，享受自然惬意的生活。

（5）森林公园由多个部分组成，水域空间、林域空间、开敞空间、郁闭空间、过渡空间等，无论在哪个空间，设计中都考虑了与人的舒适结合，贯彻了以人为本的原则，亲水平台、穿林小路、休憩草坪、林中广场以及适当的运动场地，无不从细节上提升了森林公园的整体水平和综合品质。

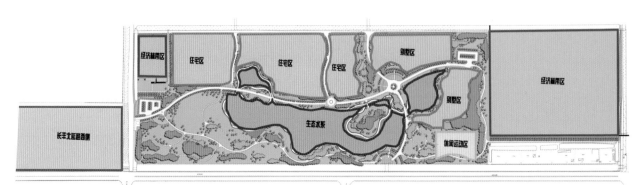

### 5. 经济技术指标

| 用地名称 | 用地面积（m²） | 所占百分比（%） |
|---|---|---|
| 规划用地总面积 | 1330000 | 100 |
| 沟渠面积 | 30000 | 2.3 |
| 生态湖面积 | 77600 | 5.8 |
| 企业预留地总面积 | 7300 | 0.5 |
| 休闲运动空间总面积 | 7700 | 0.6 |
| 居住区规划总面积 | 77300 | 5.8 |
| 交通路线总面积 | 92700 | 7.0 |
| 绿化总面积 | 1037400 | 78 |

## 八、青岛胶州湾滨水景观设计

### 1. 项目背景

　　在新的历史发展时期，青岛市市委、市政府确立了"环湾保护、拥湾发展"的城市发展战略，以胶州湾生态保护为核心，积极提升青岛中心城区的辐射带动能力，促进胶州湾区域各城市组团间的联系协作，科学引导城市空间拓展，将环胶州湾区域规划建设成以"轴向发展、圈层放射、生态相间"为空间结构的国际化、生态型、花园式的环湾城市组群。

### 2. 项目概况

（1）概况：以"生态为本、产业先行、区域协调、功能复合、设施完善"为指导思想，建设一个胶州湾西海岸集先进制造业、科技研发、休闲旅游、高端居住为一体的生态新城，与青岛、黄岛、红岛共同承载环湾保护、拥湾发展的宏伟战略。

（2）自然条件：场地条件。胶州湾产业基地内有跃进河穿过，南侧临五河头（洋河、漕汶河、岛耳河、龙泉河汇合处）入海口沿线，北侧临大沽河入海口沿线，东侧临胶州湾海域。

本区地下水主要为第四系松散岩类孔隙潜水水位埋深 0.68 ~ 2.95m，水位标高 1.10 ~ 1.42m，地下水位年变化幅度 1.50m 左右。主要含水层为沙层，主要补给来源为大气降水和海水入渗。地下水水质为咸水，地下水对混凝土结构及钢筋混凝土结构中的钢筋均具腐蚀性。地势西北高，东南低，规划区西北侧为低山丘陵，海拔最高点 99.8m，规划区内海拔在 4m 以下。

自然环境。属暖温带半湿润大陆性气候。年平均气温 12.2℃。全年 8 月份最热，平均气温 25.1℃；1 月份最冷，平均气温 –1.2℃。年平均降水量 755.6mm，年平均降水天数为 82.6 天，日最大降水量 182mm。年平均降雪日数只有 10 天，最大积雪深度 27cm。属东亚季风区，常风向为东南，次常风向为北及西北偏北，年平均风速 5.3m/s。

### 3. 项目内容

胶州湾如意湖滨水景观占地 147 万 m²，其中绿地面积 73 万 m²，水面 74 万 m²。

沿水岸设置连续性的景观主轴线，主轴线串联了广场、步行道、自行车道、主题观赏园、景观小品、亲水平台、山地密林、疏林草地、游船码头、运动场、会所等，让游人在移动中感受不同的场所感和景观体验。景观主轴线仅允许电瓶车、自行车和人通过，形成沿湖岸边约十公里的游览环道，并与驳岸间距宽窄不一，远近高低变化，空间围合和开敞相间的景观风景线。景观主轴线宽度为 8 ~ 9m，材料为木地板、透水地面、碎石、塑胶跑道和石材等，并统一景观元素：红色（跑道、座椅、小品等）。

景观主轴线沿线周边区域具有不同的景观特色：缤纷花田区、森林游憩区、芦荻西岸区、疏林草地区、礁石沙滩区，在统一形式的前提下，通过不同的景观特色和空间构成提供游人丰富多彩的景观体验。同时，间隔 1000m 左右设置一处电瓶车候车点，以便游人休憩、候车和自行车停放。

主题观赏园有观湖赏水的冥想园，以林荫健身和书法为主题的太极养生园，突出色彩斑斓的地被花卉的梦幻植物园，体验芳香花卉及药用植物的芳香疗养园，以景观构架和树阵为主体的入口景观广场等，形成视觉多变、空间多样以及景观元素丰富的滨水园林景观。

整个滨湖北岸地形起伏较大，最高山体高程为 18m，南岸地势相对平缓。为了强化地形起伏的立面和天际线，在山头沿地形线用高大乔木 + 中景混交林 + 前景观花观叶植物 + 地被植物的种植形式，并且在山与山之间的山谷处适当开敞。

乔木采用黑松、云杉、雪松和龙柏作为常绿背景树，混交林采用银杏、水杉、白蜡、槐树、元宝枫等，前景植物以樱花、海棠、碧桃、连翘、金银木、榆叶梅、丁香等花灌木为主片植和群植，下层以低矮地被宿根花卉或草坪。

### 4. 工程措施

本地区地下土质一般呈现地下水位高、土壤黏重、含盐量大、土壤 pH 值高等特点。在干燥少雨的气候条件下，使高矿化度的地下水沿土壤的毛细管上升，导致并加剧了人工填土层次生盐渍化过程，原有土壤根本不具备园林植物成活生长的立地条件。

针对这些条件，经过多方调研及论证，结合天津泰达 20 多年滨海盐碱地区绿化建设的实践，采用"工程治盐、潜水排盐"技术，并在绿地建造、养护管理上取得极大成功。如盐碱地上采用客土抬高地面，铺设塑料、混凝土排盐暗管，以铺垫碎石屑、液态渣为淋水层，与淡水灌溉脱盐等一系列技术措施相结合，有效地抑制客土层的次生盐渍化，把 1m 土体平均含盐量控制在 3‰ 以下，pH 值控制在 8.5 以下，为绿化植物的正常生长提供基本条件。

工程质量控制表现为过程控制，涉及排盐工艺，如淋层、盲管坡降等，客土质量，如盐分、酸碱度、质地等，苗木质量控制、栽植过程等过程。地下隐蔽工程是盐碱地区绿化工程的关键。对于排盐管坡降、间距、走向，垫层材料的选择、铺设厚度和特殊土壤改良措施的施工应进行有效控制。

# 参考文献

唐学山，李雄，曹礼昆等.园林设计.北京：中国林业出版社，1996

[美] 诺曼 K·布思著，曹礼昆，曹德鲲译.风景园林设计要素.北京：中国林业出版社，1987

张万均等著.盐渍土绿化.北京：中国环境科学出版社，1998

天津泰达园林建设有限公司.盐滩绿化二十年论文集.中外景观，2007专刊

黄明勇.滨海盐碱地地区城市绿化技术途径研究.北京：中国园林，2009

赵可夫，冯立田.中国盐生植物资源.北京：科学出版社，2001

杜东菊，杨爱武，刘举等著.天津滨海吹填土.北京：科学出版社，2010

刘常富，陈玮.园林生态学.北京：科学出版社，2003

周洪义，张清，袁东生.园林景观植物图鉴.北京：中国林业出版社，2009

张天麟.园林树木1200种.北京：中国建筑工业出版社，2005

[美] 艾尼·瓦逊著.世界园林乔灌木.北京：中国林业出版社，2004

刘先觉，郭育文主编.天津园林绿化技术.天津：天津科学技术出版社，2008

天津滨海新区管理委员会主编.天津滨海盐生植物.北京：中国林业出版社，2007

张万钧.滨海海涂地区绿化及排盐工程技术探讨与研究.北京：中国工程科学，2001

全国盐碱土绿化开发协作组编辑委员会编.盐碱土造林绿化与综合开发文集.北京：中国环境科学出版社，1992

刘兆普，沈其荣，尹金来等著.滨海盐土农业.北京：中国农业科技出版社，1998